机电专业"十四五"精品教材

电工电子技术基础

主 编 田林茂 张庆峰 林吉靓

U0221835

哈尔滨工程大学出版社
Harbin Engineering University Press

内容简介

本书一改以往教材的编写模式，按照循序渐进、理论联系实际的原则编写，概念阐述准确、语言简明扼要，避免繁复的数学公式推导。全书 11 章，主要包括电路基础、交流电路、安全用电与低压配电、常用半导体器件、基本放大电路、集成运算放大器、半导体直流稳压电源、数字逻辑基础、逻辑门电路、组合逻辑电路应用、触发器。

本书可作为应用型本科、职业院校机电、计算机、通信类专业或相近专业的教材，也可供有关专业的工程技术人员参考。

图书在版编目（CIP）数据

电工电子技术基础 / 田林茂，张庆峰，林吉靓主编. —
哈尔滨 ：哈尔滨工程大学出版社，2023.8
　　ISBN 978-7-5661-4098-2

Ⅰ. ①电… Ⅱ. ①田… ②张… ③林… Ⅲ. ①电工技
术－高等职业教育－教材②电子技术－高等职业教育－教
材 Ⅳ. ①TM②TN

中国国家版本馆 CIP 数据核字（2023）第 159810 号

电工电子技术基础
DIANGONG DIANZI JISHU JICHU

责任编辑　吴振雷
封面设计　赵俊红

出版发行	哈尔滨工程大学出版社
社　　址	哈尔滨市南岗区南通大街 145 号
邮政编码	150001
发行电话	0451-82519328
传　　真	0451-82519699
经　　销	新华书店
印　　刷	唐山唐文印刷有限公司
开　　本	787 mm×1 092 mm　1/16
印　　张	15
字　　数	384 千字
版　　次	2023 年 8 月第 1 版
印　　次	2023 年 8 月第 1 次印刷
定　　价	49.80 元

http://www.hrbeupress.com
E-mail:heupress@hrbeu.edu.cn

前　言

党的二十大报告提出，"建设现代化产业体系。坚持把发展经济的着力点放在实体经济上，推进新型工业化，加快建设制造强国、质量强国、航天强国、交通强国、网络强国、数字中国"。

应用型人才的教育是面向生产、管理第一线的技术型人才的培养，因此其基础课程的教学应以必需、够用为原则，以掌握概念、强化应用为教学重点，注重岗位能力的培养。本书坚持"以全面素质为基础、以就业为导向、以能力为本位、以学生为主体"的原则，贴近教育教学实际，按"深入浅出、知识够用、突出技能"的思路编写，突出能力本位的职业教育思想，理论联系实际，以满足学生的实际应用需要。本书在编写过程中，力求体现连贯性、针对性、选择性，让学生学得进、用得上；在方法上注重学生兴趣，融知识、技能于一体，使学生在学习、实践中能体验到成功的喜悦。本书有如下特点。

（1）在内容的安排上，为使学生用较短的时间、较快地掌握这门课程的基本原理和主要内容，本书在编写过程中力求便于学生自学，尽力做到精选内容叙述简明，突出基本原理和方法，多举典型例题，以帮助学生巩固和加深对基本内容的理解和掌握；同时还能培养和训练学生分析问题和解决问题的能力。

（2）在知识的讲解上，力求用简练的语言循序渐进，深入浅出地让学生理解并掌握基本概念，熟悉各种典型的单元电路。对电子器件着重介绍其外部特性和参数，重点放在使用方法和实际应用上；对典型电路进行分析时，不做过于繁杂的理论推导；对集成电路内部不做重点仔细分析，而着重介绍其外部特性和逻辑功能以及它们的应用。

（3）在实践性教学方面，增加电子元件、集成器件的选用、识别、测试方法等内容的介绍；选择一些基本特色实用电路作为例子，以开拓学生的电路视野；安排一些具体的实例作为读图练习的内容，培养学生理论联系实际，提高电子电路读图的能力；相关章节安排的实用资料速查，具有一定的先进性和实用性，为学生的学习和知识拓展提供了方便。

（4）为了方便学生的自学和复习，书中每章均选编了一定数量和难度适中的练习题，以便于学生自检和自测。

本书由田林茂、张庆峰、林吉靓担任主编，由杨宏宇、邱国栋、高丽、刘辉、胡金花、郭雪莲、王文东、程远军、闫春冉、吴瑞、曹厚鹏担任副主编，吕为、张雯、王先英、白坤桥、周凯参与了本书的编写。本书的相关资料和售后服务可扫封底微信二维码或登录www.bjzzwh.com 下载获得。

由于编者水平有限，书中难免存在疏漏和不当之处，敬请各位专家及读者批评指正。

编　者

本书编委会

主　编　田林茂（菏泽工程技师学院）

　　　　张庆峰（菏泽工程技师学院）

　　　　林吉靓（开封大学）

副主编　杨宏宇（菏泽工程技师学院）

　　　　邱国栋（菏泽工程技师学院）

　　　　高　丽（临朐技工学校）

　　　　刘　辉（菏泽工程技师学院）

　　　　胡金花（菏泽化工高级技工学校）

　　　　郭雪莲（菏泽工程技师学院）

　　　　王文东（菏泽工程技师学院）

　　　　程远军（曹县技工学校）

　　　　闫春冉（菏泽工程技师学院）

　　　　吴　瑞（菏泽工程技师学院）

　　　　曹厚鹏（菏泽工程技师学院）

参　编　吕　为（菏泽工程技师学院）

　　　　张　雯（菏泽工程技师学院）

　　　　王先英（菏泽工程技师学院）

　　　　白坤桥（菏泽工程技师学院）

　　　　周　凯（菏泽工程技师学院）

目　录

第1章 电路基础

本章导读

电路是指电流的通路，是一种客观存在。实际电气设备包括电工设备、联接设备两部分，电工设备通过联接设备相互联接，形成一个电流通路即为一个实际电路。电路是电工技术的主要研究对象，是电工技术和电子技术的基础。本章主要介绍电路基础的相关知识。

学习目标

➤ 理解电路模型概念，熟悉电流、电压、功率概念和应用。

➤ 理解电源、电阻、电感和电容等电路元件特点，能够进行电源等效互换。

➤ 理解电路分支的相关定律和定理的含义，能运用基尔霍夫定律、叠加原理等进行电路分析。

思政目标

➤ 增强学生对我国供电的现状，树立自信感、幸福感和认同感。

➤ 激发学生为国家学习、为民族学习的热情和动力，服务地方经济，践行使命担当。

1.1 电路分析基础

电流经过的路径称为电路。实际应用中，电气设备通过导线、开关等环节连成电路。

电路通常由电源、负载、中间环节三部分组成。

电源：电源作用是向电路提供电能，如发电机、电池等。

负载：在电路中接收电能的设备，如电动机、照明灯具、电炉等。

中间环节：中间环节包括导线、开关等，作用是把电源和负载连接并控制电路的接通或断开。

1.1.1 电路模型

电路模型实质上是把实际电路变为模型化电路。

实际电路是由有形的设备、电源、开关、导线等组合而成，电路中设备或元器件的电磁特性往往不是单一的而是复杂的。为了对实际电路进行分析和计算，电工学中对实际电路中元器件进行理想化处理，突出元器件的主要电磁特性而忽略非主要特性，用统一的符号表示理想化的电路元器件。通过这样的理想化处理后，实际电路就可用理想化的电路元器件的连接来表示。

经过理想化处理的电路元器件简称电路元件，电磁特性单一。如电阻元件（用 R 表示）只具有耗能特性，电感元件（用 L 表示）只具有储存磁场能量特性，电容元件（用 C 表示）只具有储存电场能量特性。

如果实际电路中某设备或元器件具有两种或以上不能忽略的电磁特性时，需要用超过一个电路元件的组合来表示其真实电磁特性。如在交流电路中，某些线圈类元件可能使用电阻与电感的串联来表示，其中电阻表示线圈耗能特性，电感表示线圈储存磁场能量特性。

电路分析中，常用的电路元件有电阻元件（用 R 表示）、电感元件（用 L 表示）、电容元件（用 C 表示）、理想电压源（用 U_S 表示，实际电压源需要串联内阻）、理想电流源（用 I_S 表示，实际电流源需要并联内阻）。这几种电路元件都有两个外引端子，所以它们也被称为二端元件。理想的二端元件分为无源二端元件（电阻 R、电感 L、电容 C）和有源二端元件（理想电压源和理想电流源）。理想电路元件的图形和文字符号如图 1-1 所示。

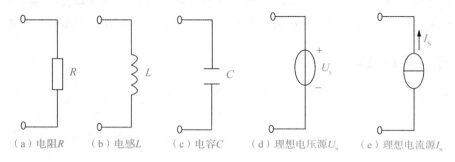

（a）电阻R　　（b）电感L　　（c）电容C　　（d）理想电压源U_S　　（e）理想电流源I_S

图 1-1　理想电路元件示意图

把实际电路元件理想化后，可以把实际电路模型化表示。图 1-2（a）为手电筒电路，其中实际元件有电源（电池）、负载（小灯泡）、开关和导线。图 1-2（b）为该实际电路的电路模型，其中小灯泡抽象为电路元件电阻 R，电池抽象为理想电压源 U_S 及串联的内阻 R_S，开关 S 和导线是电路的中间环节。

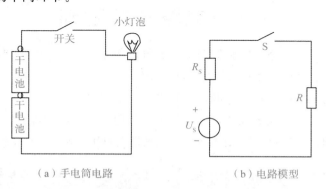

（a）手电筒电路　　　　　　　　　　（b）电路模型

图 1-2　手电筒电路及电路模型

1.1.2　电路状态

电路状态有以下三种情况。

1．通路

电路中的开关闭合，电源、负载通过中间环节连接成闭合通路，电路中有电流流过。在这种状态下，电路中电流和电压分别是

$$I = \frac{U_\text{S}}{R_\text{S} + R_\text{L}}$$

$$U = U_\text{S} - IR_\text{S}$$

其中，R_L 是负载电阻；R_S 是电源内阻，一般认为电源内阻很小，可以忽略不计。

在实际电路中，往往根据负载的大小分为满载、轻载、过载三种情况。负载在额定功率条件下工作称为额定工作状态或满载，低于额定功率条件下的工作状态称为轻载，高于额定功率条件下的工作状态叫作过载。过载容易损坏用电设备及供电设施，电路不允许出现过载现象。

2．开路

电路某处断开，电源、负载没有通过中间环节形成闭合通路，电路中没有电流通过，负载没有获得电能。在开路状态下，电路中的电流为零，电源端电压和电动势相等。

3．短路

如果电路的负载被零阻值的导体接通，那么该部分负载就处于短路状态。短路状态下，电路通流部分电流（短路电流）会比正常工作电流大很多。如果电源以外电路被短路了，那么被短路部分电流为 $I = E/R_\text{S}$，由于电源内阻一般很小，这时短路电流可能很大。短路的危害很大，会导致将电源或部分负载被烧毁。为避免电路中发生短路，可在电路中安装保险丝等措施防止短路。

【例 1-1】在某车间里有一台电源，供电电压为 220 V，电源内阻为 2.2 Ω，电源允许最大电流为 10 A。当这台电源连接负载电阻为 217.8 Ω 的时，电路中电流多大？如果电路发生短路现象，电路中电流多大？这时电源会出现什么情况？

【解】连接 217.8 Ω 负载时，电路中电流为

$$I = \frac{U_\text{S}}{R_\text{S} + R_\text{L}} = \frac{220}{2.2 + 217.8} = 1\,(\text{A})$$

当电路中发生短路现象时，

$$I = \frac{U_\text{S}}{R_\text{S} + R_\text{L}} = \frac{220}{2.2 + 0} = 100\,(\text{A})$$

这时电路中电流远大于电源允许电流 10 A，电源将损坏。

1.1.3　电路基本物理量

在实际电路中，为了监测设备所消耗的电能和工作状态，需要对设备的电压、电流和功率等基本物理量进行测量。

1．电流

电路中导体内部存在大量自由电子，当导体在外电场作用下，里面的自由电子就会做定

向移动形成电子电流。而电工学中对电流方向的定义是正电荷的流动方向，也就是跟电子电流方向相反的方向。

电流大小用电流强度表示，通常用字母 i 表示，定义式为

$$i = \frac{\mathrm{d}q}{\mathrm{d}t}$$

其中，电量 q 的单位为库仑（C）；时间 t 的单位为秒（s）；电流 i 单位为安培（A）（简称安）。

电流强度除了用安培（A）作为计量单位外，还可以根据强度情况用千安（kA）、毫安（mA）、微安（μA）等进行计量，换算关系如下

$$1 \times 10^{-3}\,\mathrm{kA} = 1\mathrm{A} = 1 \times 10^{3}\,\mathrm{mA} = 1 \times 10^{6}\,\mathrm{μA}$$

对于稳恒的直流电，由于其方向和大小都不随时间变化，电流强度表达式为

$$I = \frac{Q}{t}$$

电工学中各物理量的表达方式如下：不随时间变动的量通常用大写字母表示，如直流电流和电压分别用 I 和 U 表达；随时间变动的量通常用小写字母表示，如交流电流和电压分别用 i 和 u 表示。

2. 电压、电动势和电位

（1）电压。电路中两点之间的电位差称为电压。电压是推动电荷定向移动形成电流的原因，电流能够在导线中流动是由于在电流中有着高电势和低电势的差别。

电路中电压大小反映了电路中电场力做功的能力，电压通常用字母 u（直流电压用 U）表示，定义式是

$$u_{ab} = \frac{\mathrm{d}w_{ab}}{\mathrm{d}q}$$

其中，电功 w 的单位为焦耳（J）；电量 q 的单位为库仑（C）；电压的单位为伏特（V）（简称"伏"）。

对于直流电路，由于电流大小和方向不随时间变化，其电压方向由电位高"＋"端指向电位低"－"端，也就是电位降低方向。

电压除了用伏特（V）作为计量单位外，还用千伏（kV）、毫伏（mV）等进行计量，换算关系如下

$$1 \times 10^{-3}\mathrm{kV} = 1\mathrm{V} = 1 \times 10^{3}\,\mathrm{mV}$$

（2）电动势。电动势用来表示电源把其他形式的能量转变为电能本领大小的物理量，等于电源内部非电场力把单位正电荷从负极经内部移动到正极时所做的功。电动势的大小取决于电源本身，与外电路无关。电动势的单位与电压相同，一般用符号 e（直流电动势用 E）表示。电动势的真实方向是从电源的低电位点指向高电位点，即电位升的方向，与电压真实方向相反。

注意：电动势与电压是两个不同的概念。电动势是非电场力把正电荷从低电位点附近移动到高电位点正极所做的功；而电压是电场力把单位正电荷从高电位点移到低电位点所做的功。

（3）电位。电位，指电路中任一点相对于参考点之间的电压，用"V"表示。在分析和计算电路电位前，应先选定电路中某一点为参考点，用符号"⊥"表示，该参考点电位规定

为零。参考点也称为"地"，在实际电路中一般以大地为零电位点。电路中任意点电位都等于该点相对于参考点之间的电压，因此电位值是相对的。选择不同参考点，电路中同一点的电位值会不同。

电压与电位不同，电路中两点之间电压与参考点的选择无关。

3. 电流、电压参考方向

在分析一些复杂电路时，由于无法事先判断电路中所有支路电流实际方向或者元件端电压的实际方向（极性），导致对电路列写方程时无法判断电流、电压的正、负号。为解决这个问题，在电工学中通常采取参考方向的方法，在待分析电路中预先假定各支路电流方向或元件端电压方向（极性）。支路电流的参考方向一般用箭头标示，元件端电压参考方向用"＋、－"号标示。采用了参考方向标示后，可以确定电路中各支路电流和元件端电压在电路方程中的正、负号。参考方向可以任意假定，但一经选定，在电路的分析计算过程中不能改变。电路分析时，应先标出参考方向。

注意：设定的参考方向不一定就是实际方向。如果通过计算，得出结果为正值，那么假定的参考方向跟实际方向相同，否则相反。

电路分析中，电流沿电位降低方向取向时为关联参考方向，也就是电流和电压方向相同时的参考方向为关联参考方向。电流与电压方向相反的参考方向为非关联参考方向。图 1-3 为电压、电流参考方向示意图。

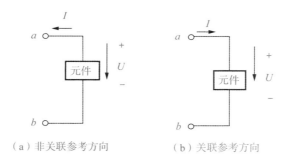

（a）非关联参考方向　　　　　（b）关联参考方向

图 1-3　电压、电流参考方向示意图

4. 电能与电功率

（1）电能。电能是指电流做功的能力，用字母 W 表示。电能可以使用电度表等仪表进行测量，单位是焦耳（J）。实际应用中，常用千瓦时（kWh）（俗称"度"）作为电能计量单位。两者关系换算如下

$$1kWh = 3.6 \times 10^6 \, J$$

电能计算的公式是

$$W = UIt$$

其中，电压 U 单位为伏特（V）；电流 I 的单位为安培（A）；时间 t 的单位为秒（s）；电能 W（电功）的单位为焦耳（J），简称焦。

对于具体的用电设备，在相对稳定的电压、电流情况下，其做功耗用电能与通电时间成正比。通电时间越长，耗用的电能转换为其他能量就越多。

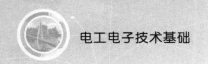
（2）电功率。在电工学中，电功率是指电流在单位时间内做的功，用字母 P 表示。电功率的单位是瓦特（W），简称瓦。

对于电气设备而言，电功率是用来表示设备消耗电能转换为其他能量快慢的物理量。电气设备电功率的大小数值上等于它在 1 s 内所消耗的电能。

电功率计算公式是

$$P = \frac{W}{t} = \frac{UIt}{t} = UI$$

（3）效率。电气设备运行时存在损耗，其效率是指输出功率 P_2 与输入功率 P_1 之比，用 η 表示

$$\eta = \frac{P_2}{P_1} \times 100\% = \frac{P_2}{P_2 + \Delta P} \times 100\%$$

1.1.4 电气设备额定值

电气设备的额定值是电气设备正常工作时的规定电压和电流值。

1. 电气设备的额定值技术数据

电气设备的额定值技术数据是设备生产厂家根据设备制造、使用的技术条件及国家标准等而设定的。在使用设备时，必须按照额定值的要求，才能保证安全可靠、充分发挥设备的效能，保证正常的使用寿命。电气设备额定值通常都标在设备的铭牌上，主要有额定电压（U_N）、额定电流（I_N）或额定功率（P_N）等。当施加的电压高于额定电压，电气设备的绝缘材料因承受过高的电压而易于被击穿，丧失原有的绝缘性能。设备在运行时，电流在导体电阻上产生的热量将使设备产生温升，而温度过高时可能导致绝缘材料燃烧酿成事故，因而规定设备的额定电流值。设备在额定电压和额定电流条件下工作时的功率称为额定功率。使用设备时尽可能让设备工作在额定值附近，过高会破坏设备的绝缘性能引发触电、火灾等事故；过低，影响电气设备正常功能的发挥。

电气设备在使用时，其实际的电压、电流功率等参数的数值通常受到多种因素的影响。所以工作中的设备其实际值往往发生变化，偏离额定值。一般来说，电气设备的实际值可以在设备额定值允许的范围内变化。例如，某设备标明为 220 V±10%。表明该设备实际的工作电压允许在 198～242 V 变化。

电源设备的额定功率表示电源的供电能力，是电源设备长期运行的允许上限功率值。电源在电路中处于有载状态工况时，其输出功率由外电路决定，电源向负载提供的电压一般理想化为近似恒定电压，因此电源电流等于其额定电流时，电源达到满载的额定功率。

2. 电气设备额定工作状态

电气设备额定工作状态是指电气设备在额定值下运行的有载工作状态。电气设备在额定状态工作时，其性能得到充分利用，设备的经济性最好。因此尽可能让设备在额定工作状态下工作。

在实际使用中，由于各种原因，电气设备可能在非额定状态条件下工作，主要有欠载和过载两种情况。

欠载是指电气设备在低于额定值的状态下运行。在欠载工况下，设备不能被充分利用，

而且可能使设备工作不正常甚至损坏。

过载是指电气设备在高于额定值（超负荷）条件下运行。如果设备运行工况超过额定值不多且持续时间不长，一般不会造成明显的事故。但是电气设备如果长期处于过载运行工况，会导致设备损坏、造成电火灾等事故。因此，不允许电气设备长时间过载工作。

1.2　电路元件特性

1.2.1　电压源与电流源

电源给电路提供能量来源，在电路中起激励作用，产生电流和电压。从电路元件模型可知，理想的电源元件有电压源和电流源两种。

1. 电压源

（1）理想电压源。理想电压源是实际电源（如干电池、蓄电池等）的一种理想抽象。由于理想电压源的端电压值保持不变，往往被称为恒压源，用符号 U_S 表示。恒压源具有以下特点。

① 元件两端的电压总是保持一恒定值或给定的某一函数值不变，与通过它的电流无关，不受外电路的影响。

② 元件通过的电流由与之相连接的外电路来决定，与电压源本身无关。电流可以从不同方向通过电压源，因此，电压源既可以向外电路提供电能，也可以从外电路接收电能成为负载，由外电路决定的电流方向而定。

③ 当电压源的电压值等于零时，电压源相当于短路。

理想电压源的图形符号如图1-4（a）所示，图1-4（b）为其电压与电流的关系特性，称为伏安特性或者外特性。

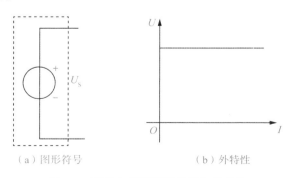

（a）图形符号　　　　　　　　　（b）外特性

图 1-4　理想电压源图形符号与外特性

（2）实际电压源。对于实际的电源，如负载设备容量大使电路电流变大，电源的端电压会下降。对于实际电压源可以用理想电压源与一个内阻串联的电路来模拟。图 1-5（a）中虚线框内的电路称为实际电源的图形符号，R_0 为内阻。图 1-5（b）为实际电压源外特性。

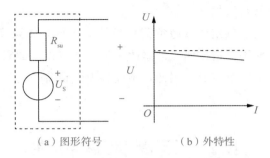

（a）图形符号　　　　　　　　（b）外特性

图 1-5　实际电压源图形符号与外特性

因此，当理想电压源的电压 U_S 为定值时，随着 I 的增加，端电压 U 将下降。实际电压源内阻越大，端电压下降越多。当外阻 $R=0$ 时，实际电压源变为恒压源。

2. 电流源

（1）理想电流源。理想电流源是实际电源（如光电池）的抽象。由于理想电流源的输出电流值保持不变，往往被称为恒流源，用符号 I_S 表示。恒流源也是一种理想化电源元件，具有以下特点。

① 恒流源输出电流保持恒定值，与两端的电压无关，不受外电路的影响。

② 恒流源两端电压由与之相连接的外电路来决定。

③ 当恒流源的电流值等于零时，电流源相当于开路。

理想电流源的图形符号如图 1-6（a）所示，外特性如图 1-6（b）所示。

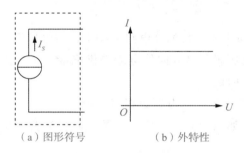

（a）图形符号　　　　　　　　（b）外特性

图 1-6　理想电压源图形符号与外特性

（2）实际电流源。实际电流源不可能把电流 I_S 全部输送给外电路。以光电池为例，即使外电路没有被接通，内部仍有电流流动。实际电流源可以用理想电流源和内阻并联来模拟，图 1-7（a）为实际电流图形符号，图 1-7（b）为实际电流源的外特性。

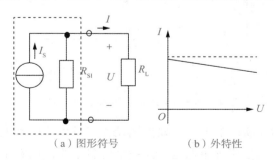

（a）图形符号　　　　　　　　（b）外特性

图 1-7　实际电流源图形符号与外特性

从图 1-7（a）可知，由于实际电流源内阻的分流作用，所以负载电流小于恒流源电流 I_S。内阻越大，内阻消耗电流越小。当内阻无限大时，电流源相当于恒流源。

3. 电压源与电流源等效变换

电源模型是对实际电源的模拟，对于同一个电源，可以模拟为电压源模型，也可以模拟为电流源模型。对于一个电路，无论电源模拟为电压源还是电流源，外部电路特性必然相同，即不能影响外部电路的电压和电流。因此，两种电源模型之间可以进行等效变换。图 1-8 为电压源与电流源的等效互换示意图。

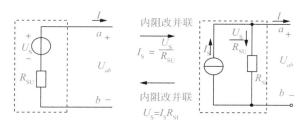

图 1-8　电压源与电流源等效互换示意图

在进行电压源与电流源等效变换时，应遵从以下原则：①理想电压源 U_S 与理想电流源 I_S 之间不能等效变换；②电压源等效变换为电流源时，内阻不变，电流源 $I_S = U_S/R_{SU}$；电流源等效变换为电压源时，内阻不变，电压源 $U_S = I_S R_{SI}$；③等效变换前后，外电路电压、电流大小和方向都不变，电流源电流流出端与电压源模型正极对应。

4. 等效变换是对外电路等效，对电源内部并不等效

【例 1-2】在图 1-9（a）电路中，$R_{U1} = 4\ \Omega$，$R_{U2} = 1\ \Omega$，$R = 12\ \Omega$，$U_{S1} = 160\ V$，$U_{S2} = 120\ V$。试用电源模型等效变换求出负载电阻 R 中电流 I。

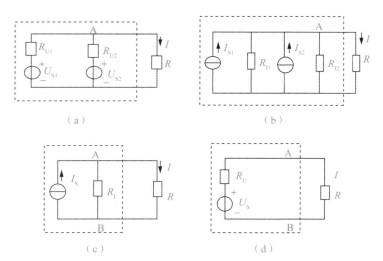

图 1-9　电源等效互换例题

【解】第一步，把图 1-9（a）中的两个电压源等效变换为电流源，如图 1-9（b）所示，变换时必须让电流方向与电压由 "−" 到 "+" 参考方向保持一致。

$$I_{S1} = \frac{U_{S1}}{R_{U1}} = \frac{160}{4} = 40(A)$$

$$I_{I1} = R_{U1} = 4(\Omega)$$

$$I_{S2} = \frac{U_{S2}}{R_{U2}} = \frac{120}{1} = 120(A)$$

$$I_{I2} = R_{U2} = 1(\Omega)$$

第二步，把两个电流源叠加为一个，如图 1-9（c）所示。

$$I_S = I_{S1} + I_{S2} = 40 + 120 = 160(A)$$

$$R_S = R_{I1} // R_{I2} = 0.8(\Omega)$$

第三步，电源等效转换，如图 1-9（d）所示。

$$U_S = I_S R_S = 160 \times 0.8 = 128(V)$$

$$R_U = R_S = 0.8(\Omega)$$

负载电阻 R 电流为

$$I = \frac{U_S}{R_U + R} = \frac{128}{0.8 + 12} = 10(A)$$

1.2.2 电阻

电阻是描述导体对电流阻碍能力的物理量。因此，导体电阻大小可以衡量导体对电流阻碍作用的强弱，即导体导电性能的好坏。导体的电阻用字母 R 表示，单位是欧姆（Ω），简称"欧"。电阻计量单位还有千欧和兆欧，换算关系如下

$$1\ M\Omega = 1 \times 10^3\ k\Omega = 1 \times 10^6\ \Omega$$

电阻的倒数称为电阻元件的电导 G，$G = 1/R$，电导的单位是西门子（S）。

要测量导体电阻值，可通过对导体两端施加电压 U，测量通过它的电流 I，由公式 $R = U/I$ 计算出导体电阻。电阻元件的伏安关系符合欧姆定律，电阻元件上瞬时电压和瞬时电流总是成线性的正比例关系。如图 1-10（a）为电阻元件图形符号，图 1-10（b）为电阻元件的外特性。

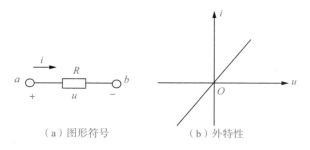

（a）图形符号　　　　　（b）外特性

图 1-10　电阻图形符号及外特性

因为电阻元件两端电压与流经它的电流在任何瞬间都存在对应线性正比例关系，所以电阻被称为即时元件。在实际应用中，很多电气设备可以用电阻元件进行模拟，如烘烤箱、电炉、白炽灯等。根据欧姆定律，电阻元件消耗功率为

$$P = UI = I^2 R = \frac{U^2}{R}$$

1.2.3　电感

电感是用于反映电流周围存在磁场，能够储存和释放磁场能量的电路元件，典型的电感元件是电阻为零的线圈。忽略电阻的电感线圈称为理想电感线圈或纯电感线圈，简称电感元件或电感。电感是衡量线圈产生电磁感应能力的物理量。线圈通入电流，线圈周围就会产生磁场。图 1-11（a）为电感元件的图形符号，图 1-11（b）为电感元件的韦安特性。通过线圈的电流越大，磁场就越强，通过线圈的磁通量就越大。

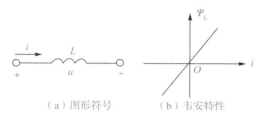

（a）图形符号　　　　（b）韦安特性

图 1-11　电感元件图形符号与韦安特性

单位电流产生的自感磁链称为电感线圈的电感量或自感系数，用字母 L 表示，单位是亨利（H）。

$$L = \frac{\psi_L}{i_L}$$

实际应用中，把电感元件的电感量为常数的电感元件称为线性电感元件（线性电感）。任一瞬时线性电感元件的电压和电流的关系为微分的动态关系为

$$U_L = L\frac{\mathrm{d}i}{\mathrm{d}t}$$

因此，只有通过电感元件的电流发生变化时，电感两端才有电压。所以电感元件是一种可以储能的动态元件，储存的磁能为

$$W_L = \frac{1}{2}Li^2$$

电感元件在很多设备上存在，如变压器的绕组、异步电动机的定子线圈等，这些绕组或线圈实际上存在电感，工作中会发热，即存在电阻，某些还存在电容。

1.2.4　电容

电容元件是能够储存能量建立电场和释放电场能量的元件，工作方式为充放电。图 1-12（a）为电容元件的图形符号，图 1-12（b）为电容元件的伏库特性。当忽略实际电容器的漏电电阻和引线电感时，可以抽象为仅具有储存电场能量的电容元件。

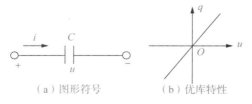

（a）图形符号　　　　（b）优库特性

图 1-12　电容元件的图形符号与伏库特性

在电容器两端加上电压 u 时，电容器被充电，两块极板上将出现等量的异性电荷 q 和形成电场。实际电容器的理想化电路模型称为电容元件，图形符号如图 1-12（a）所示。电容元件的参数用电容量 C 表示，电容量 C 的单位是 F（法）。

$$C = \frac{q}{u}$$

任一瞬时线性电容元件的电压和电流的关系为微分的动态关系。

$$i_C = C \frac{\mathrm{d}u}{\mathrm{d}t}$$

因此，只有电容元件的极间电压发生变化时，电容支路才有电流通过。因此电容元件是动态元件，储存电场能量为

$$W_C = \frac{1}{2} Cu^2$$

1.3 电路分析方法及定律

1.3.1 电路分析常用名词

电路分析中的常用名词如下。

支路：在图 1-13 所示电路中，通过同一电流的每个分支称为支路。每一支路上通过的电流称为支路电流。图示电路中的 I_1、I_2、I_3 是支路电流。

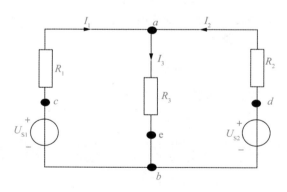

图 1-13　电路分析常用名词示意图

节点：3 条或 3 条以上支路连接点称为节点。图 1-13 电路中 a 和 b 两点是 3 条支路的连接点，因此是节点，而 c、d、e 不是节点。

回路：电路中任一闭合路径称为回路。图 1-13 电路中 $aebca$、$adbea$ 和 $adbca$ 都构成了闭合路径。

网孔：不包含其他分支的回路称为网孔。网孔实际上是单一闭合路径的回路。图 1-13 电路中，$aebca$、$adbea$ 两个回路是单一闭合路径的回路，而 $adbca$ 回路中有 aeb 支路。

因此，从图 1-13 中电路可以看出，该电路有 3 条支路、2 个节点、3 个回路、2 个网孔。

1.3.2　基尔霍夫定律

基尔霍夫定律是电路分析的重要定律，由德国物理学家基尔霍夫提出。基尔霍夫定律包括基尔霍夫电流定律（KCL，或称基尔霍夫第一定律）和基尔霍夫电压定律（KVL，或称基尔霍夫第二定律）。

1. 基尔霍夫电流定律

在任一瞬间，流入任意一个节点的电流之和必定等于从该节点流出的电流之和，所有电流均为正。即

$$\sum i_入 = \sum i_出$$

如果规定流入节点的电流为正，流出节点的电流为负，那么在任一瞬间，通过任意一节点电流的代数和恒等于零。即

$$\sum i = 0$$

基尔霍夫电流定律从本质上反映了电路中电荷守恒的原则，运用基尔霍夫电流定律时应注意以下几点。

（1）通过任意节点支路电流的代数和等于零。首先需要假定各支路电流的参考方向，这样各支路电流都是代数量。在列节点 KCL 方程时，可以规定流入节点的电流为正，流出节点的电流为负（也可以进行相反的规定）。流入节点的电流必然等于流出节点的电流，即通过节点各支路电流的代数和等于零。

（2）基尔霍夫电流定律与电路元件的性质无关。

（3）基尔霍夫电流定律不仅适用于电路中任何一个节点，还可以推广应用于包围部分电路的任何一个假想的封闭面（该封闭面称为广义节点）。任一瞬间通过广义节点，即封闭面电流的代数和等于零。图 1-14 为基尔霍夫电流定律应用于广义节点，在该广义节点中，有三条支路与节点相连，对应的电流的代数和为零。

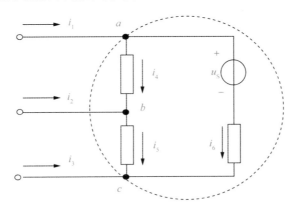

图 1-14　基尔霍夫电流定律应用于广义节点

2. 基尔霍夫电压定律

在任意瞬间，沿任意回路绕行一周（顺时针或逆时针方向），电路中各元件上电压降的代

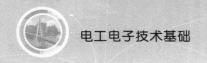

数和恒等于零。即

$$\sum u = 0$$

注意：一般假设电压参考方向与回路绕行方向一致时取正号，相反时取负号。

基尔霍夫电压定律也可以这样理解：在任一瞬间，在任一回路上的电位升之和等于电位降之和。即

$$\sum u_升 = \sum u_降$$

注意：这里所有电压值均为正，同向相加之和与反向相加之和的差为零。

运用基尔霍夫电压定律时应注意以下几点。

（1）进行电路分析时，在列回路 KVL 方程前，需要先选定回路绕行方向（回路方向可以随意假设，不会影响分析结果），再确定回路中各元件在绕行方向上属于电压降还是电压升。

（2）基尔霍夫电压定律与回路中各元件的性质无关。

（3）基尔霍夫电压定律不仅适用于电路中的任一闭合回路，还可以推广应用于电路中任一假想闭合回路。任一瞬间沿假想闭合回路各元件电压的代数和等于零。图 1-15 为基尔霍夫电压定律应用于假想闭合回路。在该假想回路中，可以假设 ab 两点之间用一个电压源替代，对应的回路电压的代数和为零。

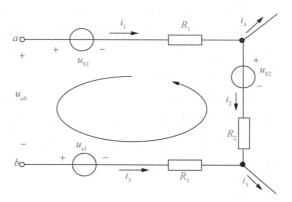

图 1-15　基尔霍夫电压定律应用于假想闭合回路

3. 支路电流法

在进行电路分析时，往往需要求出电路中通过元件或支路的电流。对于单电源电路，可以直接运用欧姆定律进行分析。对于复杂电路，如图 1-16 所示电路，可以应用支路电流法进行电路分析。

支路电流法是以支路电流为未知量，应用基尔霍夫电流定律 KCL 和基尔霍夫电压定律 KVL，分别对节点和回路列出所需的方程式，然后联立求解出各未知电流的方法。支路电流法的总体思路是，对于一个具有 b 条支路、n 个节点的电路，根据 KCL 可列出 $(n-1)$ 个独立的节点电流方程式，根据 KVL 可列出 $m-(n-1)$ 个独立的回路电压方程式。

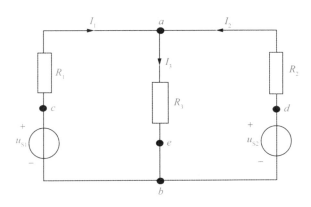

图 1-16　支路电流法示意图

支路电流法分析步骤如下。

（1）分析电路有几条支路、几个节点和几个回路。

（2）标出各支路电流的参考方向。

（3）根据基尔霍夫电流定律列出 $n-1$ 条节点电流方程式。不足的未知量根据基尔霍夫电压定律列出 $m-(n-1)$ 个独立回路电压方程式。在列回路电压方程式时一般选取独立回路，独立回路尽可能选用网孔列 KVL 方程。

（4）联立求解方程组，求得各支路电流，若电流数值为负，说明电流实际方向与标定的参考方向相反。

【例 1-3】在图 1-16 所示电路中，电压源 $U_{S1}=20$ V、$U_{S2}=30$ V 和各电阻都为 10 Ω，运用支路电流法求三个支路电流 I_1、I_2、I_3。

【解】分析图 1-16 电路，电路有 3 条支路、2 个节点、3 个回路和 2 个网孔。

电路中有 2 个节点，可以列出 1 条 KCL 方程

$$\sum i_入 = \sum i_出$$
$$I_1 + I_2 - I_3 = 0$$

由于有三个未知量，还需要列两个 KVL 方程。这里选取两个网孔 $aebca$、$adbea$ 列 KVL 方程，设两个网孔的绕行方向都是顺时针。

对于 $aebca$ 网孔，有

$$I_1 R_1 + I_3 R_3 = U_{S1}$$

对于 $adbea$ 网孔，有

$$I_2 R_2 + I_3 R_3 = U_{S2}$$

联立方程，得 $I_1=1/3$（A）、$I_2=4/3$（A）、$I_3=5/3$（A）。

由于 3 个支路电流为正值，所以实际方向跟图示方向相同。

1.3.3　电位计算

电路中某点的电位是指这个点到参考点的电压。当需要计算电路中某点的电位时，必须

选定电路中的一个点作为参考点，参考点的电位称为参考电位。参考电位通常设定为零，常称为零电位点。电位在电路中用 V 表示，如电路中 A 点电位一般用 V_A 表示；与之对应的是电压，在电路中用 U 表示，如电路中 A 点对 B 点电压用 U_{AB} 表示。

电路中其他点的电位与参考点电位进行比较，比参考点高的为正电位，比参考点低的为负电位。应该注意的是，电位具有相对性，当参考点改变时，电路中各点的电位也随之改变。图 1-17（a）中设 b 为参考点，这时 $V_b=0$ V，$V_a=5$ V；在图 1-17（b）中，设 a 为参考点，这时 $V_a=0$ V，$V_b=-5$ V。

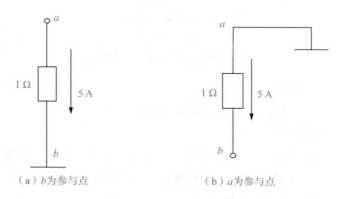

图 1-17　电位与参考点示意图

电工实际应用中往往选取大地作为参考点，电子线路中常常以多数支路汇集的公共点作为参考点。参考点在电路图上标注接地符号，用"⊥"表示。

【例 1-4】某电路如图 1-18（a）所示，分别以 A 点、B 点为参考点计算 C 点和 D 点的电位及 U_{CD}。

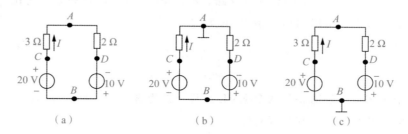

图 1-18　电位计算例题

【解】当以 A 点为参考点时，电路如图 1-18（b）所示。

电路中电流　　　　　　　　$I=（20+10）/（3+2）=6$（A）

C 点电位　　　　　　　　　$V_C=6\times3=18$（V）

D 点电位　　　　　　　　　$V_D=-6\times2=-12$（V）

$$U_{CD}=V_C-V_D=30（V）$$

当以 B 为参考点时，电路如图 1-18（c）所示。

C 点电位　　　　　　　　　$V_C=20$（V）

D 点电位　　　　　　　　　$V_D=-10$（V）

$$U_{CD} = V_C - V_D = 30 \text{ (V)}$$

从上述计算可知，电路中的参考点改变后，各点的电位随之改变，但是任意两点间的电压不变。

实际应用中有些电路不画出电源，在各端标注出电位值，如图 1-19 所示，图 1-19（a）和图 1-19（b）是等效的。

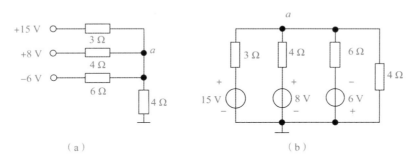

图 1-19 电位标注示意图

1.3.4 叠加原理

多个电源同时作用的线性电路中，任何支路的电流或任意两点间的电压，都是各个电源单独作用时所得结果的代数和。在图 1-20（a）为原电路图，该电路有两个电源，包括一个恒压源和一个恒流源。图 1-20（b）为恒压源单独作用时的等效电路，图 1-20（c）为恒流源单独作用时的等效电路。

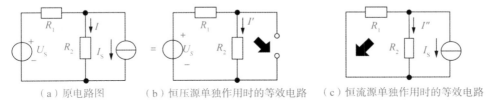

（a）原电路图 （b）恒压源单独作用时的等效电路 （c）恒流源单独作用时的等效电路

图 1-20 叠加原理示意图

应用叠加原理的原则如下。

（1）叠加定理只适用于线性电路。

（2）等效分解时只将电源分别考虑，电路的其他非电源结构和参数不变。不作用的恒压源应予以短路（即 $U_S = 0$）；不作用的恒流源应予以开（断）路（即 $I_S = 0$）。

（3）叠加定理只用于电流（或电压）的计算，功率不能叠加。

（4）每个分解电路应标明各支路电流（或电压）参考方向；原电路中电流（或电压）是各分解电流（电压）的代数和。

【例 1-5】在图 1-21（a）所示电路中，已知 $R_1 = 2\ \Omega$，$R_2 = 3\ \Omega$，$R_3 = 6\ \Omega$，$U_{S1} = 12\ \text{V}$，$U_{S2} = 7.2\ \text{V}$，用叠加原理求 I_3 和 R_3 的功率。

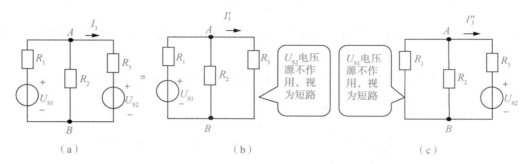

图 1-21　叠加原理例题

【解】当 U_{S1} 电源单独作用时，如图 1-21（b）所示，U_{S2} 不作用，视为短路，则

$$I_3' = U_{S1} \times (R_2 / (R_2 + R_3)) / (R_1 + R_2 // R_3)$$
$$= 12 \times (3/9) / (2+2) = 1 (A)$$

当 U_{S2} 电源单独作用时，如图 1-21（c）所示，U_{S1} 不作用，视为短路，则

$$I_3'' = -U_{S2} / (R_3 + R_1 // R_2)$$
$$= -7.2 / (6+1.2) = -1 (A)$$

两者叠加，则 R_3 上电流为

$$I_3 = I_3' + I_3'' = 1 + (-1) = 0 (A)$$

R_3 的功率由 $P = I^2 R$ 得出为零。

如果尝试把各分量求出的功率进行叠加，R_3 的功率会有什么结果？

1.3.5　戴维南定理

戴维南定理又称为等效电压源定理，如图 1-22 所示。对于外部电路来说，任何一个线性有源二端网络，对端口及端口外部电路而言，都可以用电压源串联内阻的等效电路来代替。电压源的电压是二端网络端口的开路电压 U_{OC}，串联电阻是网络中所有独立电源置零（电压源短路，电流源开路）时端口的输入电阻。

二端网络就是有两个出线端的电路。二端网络中有电源时称为有源二端网络。

戴维南定理一般用于求解复杂电路中的某一条支路电流或电压。运用戴维南定理时，第一步把需要求解的负载与有源二端网络分开。第二步是把有源二端网络与外电路断开，求出开路电压 U，即等效电压源电压 U_{OC}。第三步是将有源二端网络内部恒压源短路、恒流源开路，变为无源二端网络，求出等效电压源的内阻 R_0。然后把有源二端网络用等效电压源串联内阻代替，画出等效电路图并接上需要求解的支路负载，求出支路的电流或电压。

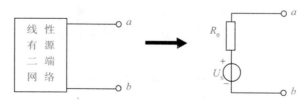

图 1-22　戴维南定理

【例 1-6】 在图 1-23 （a） 电路中，$R_1 = 2 \ \Omega$、$R_2 = 3 \ \Omega$、$R_3 = 3 \ \Omega$、$R_4 = 2 \ \Omega$、$R_5 = 2.6 \ \Omega$、$U = 10 \ \text{V}$，求 R_5 支路的电流 I。

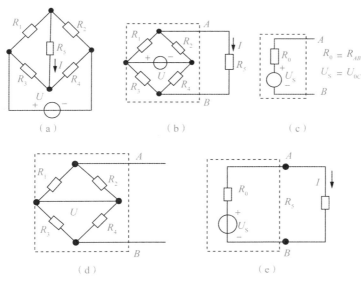

图 1-23 戴维南定理应用

【解】 第一步把需要求解的负载与有源二端网络分开，图 1-23 （a） 电路转换为负载与有源二端网络电路图 1-23 （b） 和图 1-23 （c）。下面需要求有源二端网络的开路电压和内阻电阻。

第二步是把有源二端网络与外电路断开，求出开路电压 U_{AB}，即等效电压源电压 U_{OC}。

$$U_S = U_{OC} = U_{AB} = 10 \frac{3}{2+3} - 10 \frac{2}{3+2} = 6 - 4 = 2 \ (\text{V})$$

第三步是将有源二端网络内部恒压源短路、恒流源开路，变为无源二端网络，求出等效电压源的内阻 R_0，如图 1-23 （d） 所示。

$$R_0 = R_{AB} = R_1 // R_2 + R_3 // R_4 = 2.4 \ (\Omega)$$

第四步把有源二端网络用等效电压源串联内阻代替，画出等效电路图并接上需要求解的支路负载，如图 1-23 （e） 所示。

$$I = \frac{U_S}{R_0 + R_5} = \frac{2}{2.4 + 2.6} = 0.4 \ (\text{A})$$

本章小结

本章主要介绍了电路基础知识，帮助读者了解电路的组成、电路模型及电路状态，并掌握电路分析方法及定律。希望通过本章的学习，读者能够对电路基础知识有一定的了解，为以后的学习奠定基础。

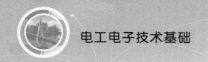

习题 1

一、选择题

1. 某设备铭牌标称的额定值"1 kΩ、2.5 W",设备正常使用时允许流过的最大电流为（　　）。

　　A. 25 m　　　　　　AB. 50 mA　　　　　C. 75 mA　　　　　　D. 250 mA。

2. 灯泡 A 额定值为 100 W/220 V，灯泡 B 额定值为 25 W/220 V，把它们串联后接到 220 V 电源中，以下说法正确的是（　　）。

　　A. A 灯泡亮些　　　　B. B 灯泡亮些　　　C. 两个亮度相同　　D. 以上都不对

3. 灯泡 A 额定值为 100 W/220 V，灯泡 B 额定值为 25 W/220 V，把它们并联后接到 220 V 电源中，以下说法正确的是（　　）。

　　A. A 灯泡亮些　　　　B. B 灯泡亮些　　　C. 两个亮度相同　　D. 以上都不对

4. 某导体的阻值为 4 Ω，在其他条件不变情况下，把它均匀切为两段，每段电阻值为（　　）。

　　A. 1 Ω　　　　　　　B. 2 Ω　　　　　　　C. 3 Ω　　　　　　　D. 4 Ω

二、填空题

1. 电路无源元件有＿＿＿＿、＿＿＿＿和＿＿＿＿，电路有源元件有＿＿＿＿和＿＿＿＿。

2. 电路由＿＿＿＿、＿＿＿＿和＿＿＿＿三个部分组成。

3. 应用叠加原理进行分析时，不作用的恒压源应予以＿＿＿＿，不作用的恒流源应予以＿＿＿＿。

三、简答题

1. 简述电路组成环节和各环节的作用。

2. 简述理想电源元件和实际电源的区别。

3. 额定功率大的设备所消耗的电能是不是肯定比额定功率小的设备所消耗的电能多？

四、计算题

1. 某电路的电源为 220 V，电源内阻为 1 Ω，电源可通最大电流为 15 A。电路正常工作时，负载电阻变动值为 21～43 Ω。当电路正常工作时，电流最大值和最小值分别是多少？如果负载发生短路，电路中电流值多大？这时电源会不会烧毁？

2. 图示电路中，已知 $R_1=10$ Ω，$R_2=8$ Ω，$R_3=2$ Ω，$R_4=6$ Ω，两端电压 $U=140$ V。试求电路中的电流 I_1。

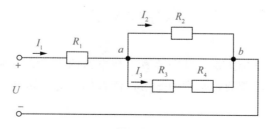

题 2 图

3. 图示电路中，已知电流 $I=20$ mA，$I_1=12$ mA，$R_1=5$ kΩ，$R_2=3$ kΩ，$R_3=2$ kΩ。求 A_1 和 A_2 的读数是多少？

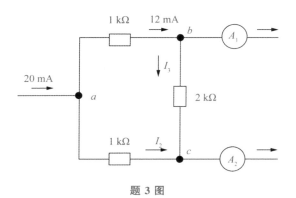

题 3 图

4. 求图示电路中电流 I，已知 $U_1=10$ V，$U_2=20$ V，$U_3=30$ V，$R=10$ Ω。

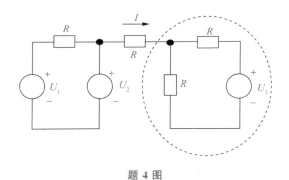

题 4 图

5. 图示电路中，已知电流 $U_{S1}=60$ V，$U_{S2}=120$ V，$R_1=R_2=R_3=10$ kΩ。分别用支路电流法和叠加原理求电阻 R_3 上电流。

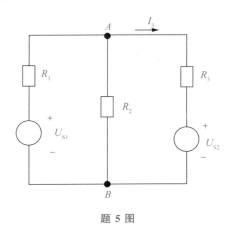

题 5 图

6. 图示电路中，求开关 S 断开或闭合时 a 点电位。

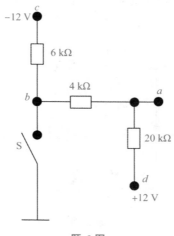

题 6 图

7. 求图示电路中节点 a 的电位。

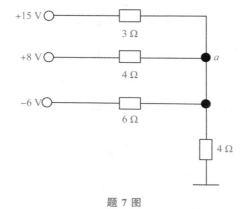

题 7 图

第2章　交流电路

本章导读

交流电广泛应用于生产和日常生活中。交流电具有可长距离经济输送、可进行变压成不同电压等级适应使用要求等优点，交流电也可以通过整流转换为直流电。在电力系统中，发电和输配电时通常采用三相交流电，工业生产中大部分电气设备采用三相交流电作为电源；而办公、家庭中很多电气设备采用单向交流电作为电源，单相交流电通常取自三相交流输电线路中的其中一相。本章主要介绍交流电路的相关知识，包括正弦交流电相位、初相位和相位差等内容。

学习目标

➢ 理解交流电三要素和相位差含义。

➢ 理解相量分析方法，能运用相量分析方法进行计算。

➢ 理解三种元件在交流电路中特性，理解感抗、容抗和功率因数概念，掌握三种功率计算和功率因数提高方法。

➢ 熟悉三相交流电的电源与负载的连接方式，掌握三相交流电在星形连接和三角形连接条件下的电压、电流和功率计算。

思政目标

➢ 掌握实践对认识具有决定作用的观点，做到理论与实践相统一。

➢ 培养学生的技术使命感和社会责任感，使学生建立学习知识技能以服务社会、报效国家的使命情怀。

2.1　单相交流电基本知识

实际使用的交流电的电压和电流随时间按正弦规律变化，因此被称为正弦交流电。

2.1.1　正弦交流电周期、频率和角频率

正弦交流电由发电厂发电机产生，其大小与方向均随时间按正弦规律变化。正弦交流电

的波形如图 2-1 所示，正半周的波形在横轴上方，负半周的波形在横轴下方。反映交流电随时间变化的快慢程度的参数是周期、频率和角频率。

1. 周期

正弦交流电每重复变化一个循环所需要的时间称为周期，用字母 T 表示，单位是秒（s）。在图 2-1 中，正弦交流电从 0 到 2π 变化所需的时间为一个周期。

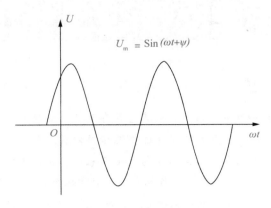

图 2-1　正弦交流电波形图

2. 频率

频率是指正弦交流电在单位时间内重复变化的循环次数，用字母 f 表示，单位是赫兹（Hz），简称赫。目前实际应用中交流电的频率主要有 50 Hz 和 60 Hz 两种，我国交流电采用频率 50 Hz 为标准频率，称为工频。一般来说，频率越高，正弦交流电随时间变化就越快。

综上可知周期与频率互为倒数关系为

$$T = 1/f$$
$$f = 1/T$$

3. 角频率

正弦交流电的变化快慢除了用周期和频率描述外，还可以用角频率 ω 描述。角频率 ω 是指正弦交流电单位时间（1 s）内所经历的弧度数，单位是弧度/秒（rad/s）。

角频率与周期、频率的关系为

$$\omega = 2\pi f = 2\pi/T$$

2.1.2　正弦交流电瞬时值、最大值和有效值

1. 瞬时值

从图 2-1 可以得出，正弦交流电的电压和电流表达式分别是

$$u = U_\mathrm{m}\sin(\omega t + \psi)$$
$$i = I_\mathrm{m}\sin(\omega t + \psi)$$

从上述表达式可以得知在任一时刻正弦交流电的电压、电流数值，即瞬时值。可以看出

瞬时值是变量，通常用小写字母表示。

2. 最大值

正弦交流电的电压或电流振荡的最高点称为最大值，用 U_m 或 I_m 表示电压或电流的最大值，也称幅值。

3. 有效值

实际应用中很少用幅值来表示正弦交流电的大小，一般用有效值来表示。正弦交流电有效值是指与其具有相同热效应的直流电数值，即无论是交流电还是直流电，只要它们对同一负载的热效应相等，那么交流电流 i 的有效值在数值上等于直流电流 I 的数值。

在图 2-2 中，交流电流 i 与直流电流 I 的电流热效应相同，即二者做功能力相等。交流电的有效值使用直流电符号，电压或电流用 U 或 I 表示，用来反映交流电的大小。

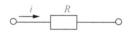 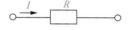

（a）交流电流 i 通过电阻 R 时，在 t 时间内产生的热量为 Q　　（b）直流电流 I 通过相同电阻 R 时，在 t 时间内产生的热量也为 Q

图 2-2　交流电有效值

理论和实践证明，正弦交流电的有效值和最大值的之间关系是

$$U = \frac{U_m}{\sqrt{2}} = 0.707 U_m$$

$$I = \frac{I_m}{\sqrt{2}} = 0.707 I_m$$

交流电路经常采用有效值进行测量和计算。电气设备上标注的额定电压或电流和电工仪表的测量读数也是指有效值。例如，办公或工业电气设备使用的电压 220 V 或 380 V 是指这些设备电压的有效值。

交流电的最大值反映了它的震荡最高点，而有效值则反映了它的做功能力。

2.1.3 正弦交流电相位、初相位和相位差

1. 相位

在正弦交流电表达式中，$\omega t + \psi$ 反映交流电随时间变化的进程，是一个随时间变化的电角度，称为正弦交流电的相位角，简称相位。

正弦交流电的相位跟随时间变化，使得交流电的瞬时值变化。

2. 初相位

当 $t = 0$ 时的相位称为初相位角或初相位，即 ψ 就是初相位角，简称初相。初相位反映了正弦交流电在计时起始点的状态，初相位的范围在 $\pm 180°$ 以内。初相位示意图如图 2-3 所示。

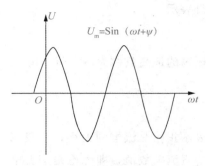

图 2-3　初相位示意图

3. 正弦交流电三要素

从正弦交流电瞬时值表达式 $u = U_m \sin(\omega t + \psi)$ 可知，如果交流电的最大值、角频率和初相位确定后，正弦交流电就可以被确定了。因此把最大值、角频率和初相位称为正弦交流电的三要素。

4. 相位差

为了比较同频率正弦交流电在变化过程中的相位关系以及顺序，引入了相位差概念。相位差是指同频率正弦交流电的初相位之差，用 φ 表示。

例如，两个正弦交流电，它们的表达式分别是

$$u = U_m \sin(\omega t + \psi_u)$$
$$i = I_m \sin(\omega t + \psi_i)$$

那么，这两个交流电相位差为

$$j = (\omega t + \psi_u) - (\omega t + \psi_i)$$

因此，同频率的正弦交流电的相位差与时间 t 无关，反映了同频率正弦量随时间变化在顺序或"步调"上的差别，如图 2-4 所示。相位差具体有以下几种情况。

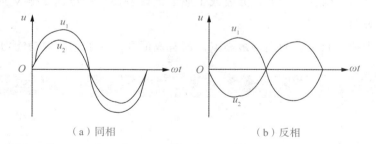

（a）同相　　　　　　　　　　　　（b）反相

图 2-4　同相与反相

（1）同相：如果 u 和 i 的初相位相等，即 $\psi_u - \psi_i = 0°$，那么它们的相位差等于 0，这种情况称为同相。它说明 u 和 i 步调一致，同时过零且同时达到正负向最大值。交流电路负载为纯电阻时，u 和 i 的相位差就是同相关系。

（2）反相：若 u 和 i 的相位差 180°，即 $\psi_u - \psi_i = \pm 180°$，那么 u 和 i 的顺序或步调相反，总是在一个到达正的最大值时，另一个必然在负的最大值处，这种情况称为反相。在电子线路中的晶体管的共射极放大器线路，输出电压与输入电压的是反相的。

（3）超前与滞后：如果 u 和 i 的初相位不相等且不是 $\pm 180°$，即 $\psi_u - \psi_i \neq 0°$ 或 $\psi_u - \psi_i \neq \pm 180°$，那么 u 和 i 随时间 t 变化时，可能到达零值点或正负最大值点会存在时间差异或步调不相同，这种情况首先到达零值点（或最大值点）的相对另一个称为超前，反之称为滞后。

对于相位差必须注意两个问题：一是不同频率的正弦交流电不能进行相位比较，也就是说，在进行正弦交流电相位关系的比较时，它们必须是同频率的交流电，否则不能进行相位比较；二是相位差不得超过 $\pm 180°$，如果超过该范围，则应进行换算。

【例 2-1】某正弦交流电电压有效值为 220 V，初相位为 0°，频率为工频。另一正弦交流电的电流有效值为 10 A，初相位为 120°，频率为工频。

求：（1）写出这两个正弦交流电的瞬时值表达式；

（2）求两者的相位差并分析它们的相位关系。

【解】对于电压的正弦交流电瞬时值表达式是

$$u = U_m \sin(\omega t + \psi_u)$$
$$= 220\sqrt{2} \sin(100\pi t + 0°)$$
$$= 311 \sin 100\pi t$$

对于电流的正弦交流电瞬时值表达式是

$$i = I_m \sin(\omega t + \psi_i)$$
$$= 10\sqrt{2} \sin(100\pi t + 120°)$$
$$= 14.1 \sin(100\pi t + 120°)$$

相位差

$$j = (\omega t + \psi_u) - (\omega t + \psi_i) = \psi_u - \psi_i = -120°$$

从相位差值可以看出，电压 u 比电流 i 滞后 120°。

2.2　正弦交流电路分析

与直流电路不同，在交流电路中，电阻、电感、电容的电流、电压的大小、方向随时间变化时，电路元件的电场和磁场会随之变化。变化的电场、磁场也会影响通过电路中元件的电压和电流。在实际的交流电路中，电阻、电容和电感三种电路元件独立或者组合存在。掌握电路元件在交流电路中的特性是分析交流电路的基础。

在进行交流电路分析时，当只考虑某元件的一种参数而忽略其他参数的作用时，该元件被视为理想元件，例如理想电感元件是只有电感的理想线圈。交流电路中存在一种理想元件负载的电路称为单一参数电路，主要有三种：纯电阻电路、纯电感电路、纯电容电路。而交流电路存在两种或以上的理想元件，主要有电阻电感 RL 电路、电阻电感和电容 RLC 电路等。

2.2.1　负载为纯电阻正弦交流电路

1. 伏安关系

图 2-5（a）为电阻元件与正弦交流电源组成的交流电路。

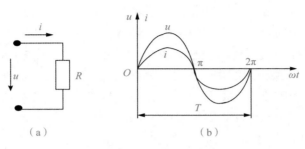

（a） （b）

图 2-5 负载为纯电阻交流电路及波形图

电路中电阻元件电压 u、电流 i 即时对应，如图 2-5（b）所示，两者关系为

$$i = \frac{u}{R}$$

如果设通过电阻的正弦交流电的电流为

$$i = I_m \sin(\omega t + \psi_i) = \sqrt{2}\, I \sin(\omega t + \psi_i)$$

那么电阻两端电压为

$$u = iR = \sqrt{2}\, IR \sin(\omega t + \psi_u) = \sqrt{2}\, U \sin(\omega t + \psi_u)$$

上述式子中 I、U 为交流电流和交流电压的有效值。

在正弦交流电路中，电阻元件的电压与电流的相量图如图 2-6 所示。

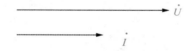

图 2-6 电阻元件电压与电流的相量图

电阻元件在正弦交流电路中适用欧姆定律，电压与电流频率相同，相位相同。

2. 功率

由于在正弦交流电路中电流和电压随时间变化，那么功率也会随时间变化。电路元件在某一瞬时吸收或发出的功率为瞬时功率，一般用小写字母 p 表示。瞬时功率为瞬时电压与瞬时电流的乘积

$$p = ui$$

电阻元件在交流电路中的瞬时功率为

$$p = u \times i = \sqrt{2}\, U \sin(\omega t + \psi_u) \cdot \sqrt{2}\, I \sin(\omega t + \psi_i)$$
$$= UI[1 - \cos 2(\omega t + \psi_i)]$$

从电阻瞬时功率公式可以看出，瞬时功率由不变量 UI 和变量 $i_C = C\dfrac{\mathrm{d}u}{\mathrm{d}t}$ 组成。如果取 $w_C = \dfrac{1}{2}Cu^2 = 0$，那么电阻元件的瞬时功率为

$$p = u \times i = U_m \sin \omega t \cdot I_m \sin \omega t$$
$$= UI - UI \cos(2\omega t)$$

图 2-7 为电阻元件瞬时功率波形图（设 $\psi_i = 0$）。

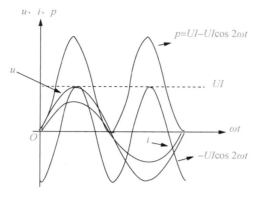

图 2-7 电阻元件瞬时功率波形图

如图 2-7 所示，虚线部分为功率的平均值 P（UI）。虽然瞬时功率随时间变化，但始终在坐标轴横轴上方，其值为正，这表明电阻元件始终消耗功率。

根据电阻瞬时功率公式，可以计算出在交流电一周期内，电阻元件消耗的平均功率为

$$P = UI = I^2 R = \frac{U^2}{R}$$

平均功率是指瞬时功率在一个周期内的平均值。用电设备上标注的额定功率是指设备消耗的平均功率，也称有功功率，用大写字母 P 表示。

实际电路中有不少设备属于纯电阻类型。纯电阻交流电路是较简单的交流电路，电炉、电烙铁等设备属于电阻性负载，和交流电源连接起来组成纯电阻电路。

【例 2-2】有两只白炽灯泡，额定电压均为 220 V，A 灯泡额定功率为 40 W，B 灯泡额定功率为 100 W，把它们串联起来接入 220 V 交流电路中，A、B 灯泡的实际功率是多少？

【解】A 灯泡的电阻为

$$R_A = \frac{U^2}{P_{eA}} = \frac{220^2}{40} = 1\,210\,(\Omega)$$

B 灯泡的电阻为

$$R_{BA} = \frac{U^2}{P_{eB}} = \frac{220^2}{100} = 484\,(\Omega)$$

串联后电路中电流为

$$I = \frac{U}{R} = \frac{220}{1\,210 + 484} = 0.13\,(A)$$

A 灯泡实际功率为

$$P_A = I^2 R_A = 20.45\,(W)$$

B 灯泡实际功率为

$$P_B = I^2 R_B = 8.18\,(W)$$

2.2.2 负载为纯电感正弦交流电路

1. 电压与电流关系

图 2-8 为电感元件与正弦交流电源组成的交流电路。

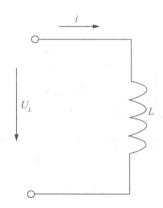

图 2-8　电感元件与正弦交流电源组成的交流电路

设电路电流为

$$i = I_m \sin(\omega t + \psi_i)$$

设电感元件两端电压、电流为关联参考方向。根据电感元件的伏安特性 $u_L = L \dfrac{di}{dt}$，得两端电压为

$$u_L = L \frac{di}{dt} = I_m \omega L \cos(\omega t + \psi_i)$$

$$= I_m \omega L \sin(\omega t + \psi_i + 90°)$$

在正弦交流电路中，电感元件两端电压和电流为同频率的正弦量，电压的相位超前电流 $90°$。电感元件电压最大值与电流最大值的数量关系为

$$U_{Lm} = I_m \omega L = I_m 2\pi f L$$

从上得出电感元件电压有效值与电流有效值的数量关系为

$$U_L = I \cdot 2\pi f L$$

$$I = \frac{U_L}{2\pi f L}$$

电感元件的电压和电流相量表达为

$$\dot{U}_L = j\omega L \dot{I}$$

图 2-9 为电感元件的电压、电流相量关系图。

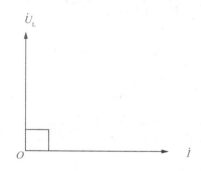

图 2-9　电感元件的电压、电流相量关系图

2. 感抗

电感元件电压与电流关系式中分母 $2\pi fL$ 被定义为电感元件的感抗 X_L

$$X_L = \omega L = 2\pi fL$$

感抗表示线圈对正弦交流电流电的阻碍作用。当 $f = 0$ 时，感抗 $X_L = 0$，这表明对于直流电流来说，电感元件（线圈）相当于短路。

电感 L 的单位为亨利（H），感抗 X_L 单位为欧姆（Ω）。

电感元件的电压和电流相量关系可写成

$$\dot{U}_L = \mathrm{j}\omega L\dot{I} = \mathrm{j}IX_L$$

3. 电感元件的功率

（1）瞬时功率。

设 $i = \sqrt{2}\,I\sin\omega t$，那么

$$u_L = \sqrt{2}\,U_L\sin(\omega t + 90°) = \sqrt{2}\,U_L\cos\omega t$$

电感元件瞬时功率 p_L 为

$$p_L = u_L i = \sqrt{2}\,U_L\sin\left(\omega t + \frac{\pi}{2}\right) \times \sqrt{2}\,I\sin\omega t$$

$$= 2U_L I\sin\omega t \times \cos\omega t$$

$$= U_L I\sin 2\omega t$$

图 2-10 为电感元件瞬时功率波形图。

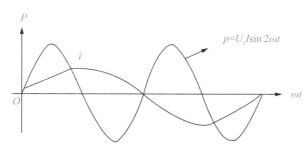

图 2-10　电感元件瞬时功率波形图

（2）平均功率。从图 2-10 可以看出，在电流的一个周期内，在 $0 \sim 90°$、$180° \sim 270°$，P_L 为正值，表示这时电感元件从电路吸收能量；在 $90° \sim 180°$、$270° \sim 360°$，P_L 为负值，说明电感元件向电路提供能量，将储存在磁场中的能量释放回电路中。

在电流的一个周期内，电感元件平均功率为零。也就是说，在正弦交流电路中，电感元件是储能元件，不消耗能量，起能量交换作用。

（3）无功功率。在实际应用中，为了衡量电感元件能量交换能力，把电感元件瞬时功率的最大值定义为电感无功功率，也称感性无功功率，用 Q_L 表示，无功功率的单位为乏（Var）。

【例 2-3】某电感元件电感量 $L = 0.127$ H，忽略其电阻，接到 120 V 工频正弦交流电源上。求：（1）感抗 X_L、电流、无功功率 Q_L；（2）如果频率增加到 1 000 Hz，感抗 X_L、电流、无功功率 Q_L 多大？（3）如果把该元件接到电压为 120 V 的直流电源上，会是什么情况？

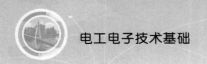

【解】 (1) $X_L = 2\pi f L = 2 \times 3.14 \times 50 \times 0.127 = 40(\Omega)$

$\qquad I = U_L / X_L = 120 / 40 = 3(A)$

$\qquad Q_L = U_L \times I = 120 \times 3 = 360(Var)$

(2) 当电源频率 $f = 1\,000$ Hz

$\qquad X_L = 2\pi f L = 2 \times 3.14 \times 1\,000 \times 0.127 = 800(\Omega)$

$\qquad I = U_L / X_L = 120 / 800 = 0.15(A)$

$\qquad Q_L = U_L \times I = 120 \times 0.15 = 18(Var)$

（3）如果该元件接到电压为 120 V 直流电源上，由于直流电频率为零，因此元件的感抗 X_L 为零。这时电路相当于短路，电流很大，很容易损坏电源甚至会酿成事故。

2.2.3 负载为纯电容正弦交流电路

1. 电压与电流关系

图 2-11 为电容元件与正弦交流电源组成的交流电路。

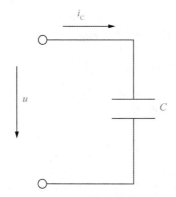

图 2-11 电容元件与正弦交流电源组成的交流电路

设电路电压为

$$u_C = U_{Cm} \sin \omega t$$

电容元件两极板之间电压按正弦规律变化。当电压随时间增大时，电容元件在充电；而电压随时间减小时，电容元件在放电。因此，在正弦交流电路中，电容元件所在支路的电流实际上是充放电的正弦电流。按照图 2-11 所示中参考方向，由电容元件的伏安特性 $i = C \dfrac{dU_C}{dt}$，得电容元件的电流为

$$i = C \frac{dU_C}{dt} = C \frac{d(U_{Cm} \sin \omega t)}{dt}$$

$$= C U_{Cm} \omega \cos \omega t = I_m \sin(\omega t + 90°)$$

在正弦交流电路中，电感元件两端电压和电流为同频率的正弦量，电流的相位超前电压 $90°$。电容元件电压最大值与电流最大值的数量关系为

$$I_{Cm} = U_{Cm} \omega C = U_{Cm} 2\pi f C$$

从上得出电容元件电压有效值与电流有效值的数量关系为

$$U_{\mathrm{C}} = I/2\pi fL$$

$$I = \frac{U_{\mathrm{C}}}{2\pi fC}$$

电容元件的电压和电流相量表达为

$$\dot{I}_{\mathrm{C}} = \mathrm{j}\dot{U}_{\mathrm{C}}\omega C$$

2. 容抗

电容元件电压与电流关系式中 $1/2\pi fC$ 被定义为电容元件的容抗 X_{C}。

$$X_{\mathrm{C}} = 1/\omega L = 1/2\pi fL$$

容抗表示电容元件对正弦交流电流电的阻碍作用，容抗 X_{C} 单位为欧姆（Ω）。容抗与频率成反比，与电容量成反比。当 $f = 0$ 时．容抗 $X_{\mathrm{C}} = \infty$，这表明对于直流电流来说，电容相当于开路。

3. 电容元件的功率

（1）瞬时功率。

电容元件瞬时功率 p_{C} 为

$$p_{\mathrm{C}} = u_{\mathrm{C}}i = U_{\mathrm{Cm}}I_{\mathrm{m}}\sin(\omega t + 90°)\sin\omega t$$
$$= U_{\mathrm{Cm}}I_{\mathrm{m}}\sin\omega t\cos\omega t = U_{\mathrm{C}}I\sin 2\omega t$$

图 2-12 为电容元件瞬时功率波形图。

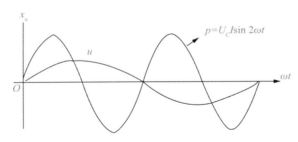

图 2-12　电容元件瞬时功率波形图

（2）平均功率。从图 2-12 可以看出，在电流的一个周期内，在 $0\sim90°$、$180°\sim270°$，P_{L} 为正值，说明电容元件从电路吸收能量建立电场；在 $90°\sim180°$、$270°\sim360°$，P_{L} 为负值，说明电容元件向电路放电，能量释放回电路。

在电流的一个周期内，电容元件平均功率为零。也就是说，在正弦交流电路中，电容元件是储能元件，不消耗能量，起能量交换作用。

（3）无功功率。为了衡量电容元件与电源能量交换能力，把电容元件瞬时功率的最大值定义为电容无功功率，也称容性无功功率，用 Q_{C} 表示，无功功率的单位为乏（Var）。

【例 2-4】 电容 $C = 0.127$ F，接在 10 V 工频正弦交流电路中。求：（1）容抗 X_{C}、电流、无功功率 Q_{C}；（2）如果频率降低到 5 Hz，感抗 X_{C}、电流、无功功率 Q_{C} 多大。

【解】（1）$X_{\mathrm{C}} = 1/2\pi fC = 1/(2 \times 3.14 \times 50 \times 0.127) = 0.025(\Omega)$

　　　　$I = U_{\mathrm{C}}/X_{\mathrm{C}} = 10/0.025 = 400(\mathrm{A})$

　　　　$Q_{\mathrm{C}} = U_{\mathrm{C}} \times I = 10 \times 400 = 4\,000(\mathrm{Var})$

　　（2）$f = 1\,000$ Hz

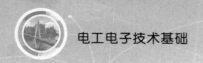

$$X_c = 1/2\pi fC = 1/(2 \times 3.14 \times 5 \times 0.127) = 0.25(\Omega)$$
$$I = U_c/X_c = 10/0.25 = 40(A)$$
$$Q_c = U_c \times I = 10 \times 40 = 400(Var)$$

2.2.4 负载为电阻和电感串联正弦交流电路

在生产和生活中，很多设备实际上可以由电阻和电感元件串联组合而成，当这些设备接入交流电路中时，实际上是负载为电阻和电感串联正弦交流电路，也称 RL 串联电路。图 2-13 为负载为 RL 串联正弦交流电路示意图。

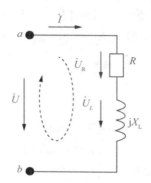

图 2-13 负载为 RL 串联正弦交流电路示意图

1. 电压与电流关系

设电路中电流和电流相量为

$$i = \sqrt{2}\, I \sin \omega t$$

$$\dot{I} = I \angle 0°$$

电阻电压为

$$\dot{U}_R = \dot{I} R$$

$$u_R = iR = \sqrt{2}\, IR \sin \omega t$$

电感电压为

$$\dot{U}_L = j\omega \dot{I} L = j\dot{I} X_L$$

$$u_L = \sqrt{2}\, I X_L \sin(\omega t + 90°)$$

根据基尔霍夫电压定律，电路的电压方程和电压相量为

$$u = u_R + u_L$$

$$\dot{U} = \dot{U}_R + \dot{U}_L$$

图 2-14 为负载为电阻和电感串联正弦交流电路电压电流相量关系图。

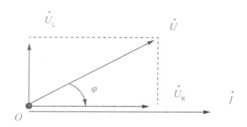

图 2-14　负载为电阻和电感串联正弦交流电路电压电流相量关系图

从上述分析可知，电路总电压在相位上比电流超前，比电感电压滞后。

电路中电阻电压 U_R 为和电感电压 U_L 为

$$U_R = IR$$

$$U_L = IX_L$$

总电压值为

$$U = \sqrt{U_R^2 + U_L^2} = \sqrt{(IR)^2 + (IX_L)^2} = I\sqrt{R^2 + X_L^2}$$

电阻电压、电感电压和总电压组成了电压三角形，总电压与电流的相位角 φ 为

$$\varphi = \arctan \frac{U_L}{U_R} = \arctan \frac{IX_L}{IR} = \arctan \frac{X_L}{R}$$

2. 电路的阻抗

由于电流和总电压方程符合欧姆定律，把电阻和电感对交流电流的阻碍作用定义为阻抗。

$$Z = \sqrt{R^2 + X_L^2}$$

电阻、感抗和阻抗组成了阻抗三角形，在阻抗三角形中，Z 和 R 的夹角称为阻角，等于总电压与电流的相位角 φ。

3. RL 串联电路的功率、功率因数

（1）有功功率 P。在 RL 串联交流电路中，电路消耗的有功功率等于电阻消耗的有功功率。

$$P = I^2 R = UI\cos\varphi$$

（2）无功功率 Q。在 RL 串联交流电路中，电路的无功功率也就是电感上的无功功率。

$$Q = I^2 X_L = UI\sin\varphi$$

（3）视在功率 S。电路总电流与总电压有效值的乘积为视在功率，用字母 S 表示，单位为伏安（VA）。

$$S = UI = \sqrt{P^2 + Q_L^2}$$

（4）功率因数。电路的有功功率与视在功率之比称为功率因数 $\cos\varphi$。

$$\cos\varphi = P/S = R/Z$$

【例 2-5】6 Ω 电阻和 25.5 mH 的线圈串联接在 120 V 的工频电源上，求：（1）线圈感抗、电路阻抗和线圈电流；（2）电路的有功功率、无功功率和视在功率。

【解】（1）线圈感抗 $X_L = 2\pi f L = 8$（Ω）

电路阻抗

$$Z = \sqrt{R^2 + X_L^2} = \sqrt{6^2 + 8^2} = 10(\Omega)$$

电路电流

$$I = U/Z = 120/10 = 12 \ (A)$$

（2）有功功率

$$P = I^2 \times R = 864 \ (W)$$

无功功率

$$Q = I^2 \times X_L = 1\ 152(Var)$$

视在功率

$$S = U \times I = 1\ 440 \ (VA)$$

2.2.5 负载为 RLC 串联正弦交流电路

由电阻、电感和电容元件串联而成的设备接入交流电路中时，被称 RLC 串联电路。图 2-15 是负载为 RLC 串联正弦交流电路示意图。

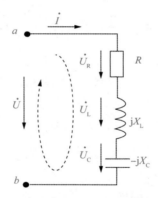

图 2-15 负载为 RLC 串联正弦交流电路

1. 电压与电流关系

设电路中电流和电流相量为

$$i = \sqrt{2} I \sin \omega t$$

$$\dot{I} = I \angle 0°$$

电阻电压为

$$\dot{U}_R = \dot{I} R$$

$$u_R = iR = \sqrt{2} IR \sin \omega t$$

电感电压为

$$\dot{U}_L = j\omega \dot{I} L = j\dot{I} X_L$$

$$u_L = \sqrt{2} IX_L \sin(\omega t + 90°)$$

电容电压为

$$\dot{U}_\mathrm{C} = -\mathrm{j}\omega\dot{I}C = -\mathrm{j}\dot{I}X_\mathrm{C}$$

$$u_\mathrm{C} = \sqrt{2}\,IX_\mathrm{C}\sin(\omega t - 90°)$$

根据基尔霍夫电压定律，电路的电压方程和电压相量为

$$u = u_\mathrm{R} + u_\mathrm{L} + u_\mathrm{C}$$

$$\dot{U} = \dot{U}_\mathrm{R} + \dot{U}_\mathrm{L} + \dot{U}_\mathrm{C}$$

图 2-16 为负载为 RLC 串联正弦交流电路电压电流相量关系图。

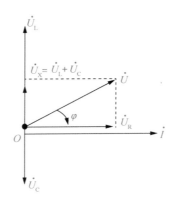

图 2-16　负载为 RLC 串联正弦交流电路电压电流相量关系图

从图 2-16 可知，电感元件与电容元件的电压为反向，它们叠加后为电抗电压，用字母 U_X 表示。

电路中电阻电压 U_R、电感电压 U_L 和电容电压 U_C 为

$$U_\mathrm{R} = IR$$

$$U_\mathrm{L} = IX_\mathrm{L}$$

$$U_\mathrm{C} = IX_\mathrm{C}$$

总电压值为

$$U = \sqrt{U_\mathrm{R}^2 + U_\mathrm{X}^2} = \sqrt{(IR)^2 + (IX_\mathrm{L} - IX_\mathrm{C})^2} = I\sqrt{R^2 + (X_\mathrm{L} - X_\mathrm{C})^2}$$

电阻电压、电抗电压和总电压组成了电压三角形，总电压与电流的相位角 φ 为

$$\varphi = \arctan\frac{U_\mathrm{X}}{U_\mathrm{R}} = \arctan\frac{I(X_\mathrm{L} - X_\mathrm{C})}{IR} = \arctan\frac{(X_\mathrm{L} - X_\mathrm{C})}{R}$$

图 2-17 为电压三角形。电压三角形是相量图，定性反映各电压间的数量关系、相位关系。

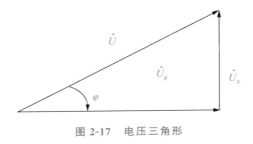

图 2-17　电压三角形

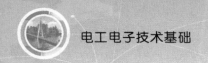

2. 电路的阻抗

由于电流和总电压方程符合欧姆定律，把电阻和电抗对交流电流的阻碍作用定义为阻抗。

$$Z = \sqrt{R^2 + (X_L - X_C)^2}$$

电阻、电抗和阻抗组成了阻抗三角形。与 RL 电路相同，在阻抗三角形中，Z 和 R 的夹角称为阻角，等于总电压与电流的相位角 φ。图 2-18 为阻抗三角形，阻抗三角形不是相量图，可表达电阻、电抗和阻抗的数量关系。

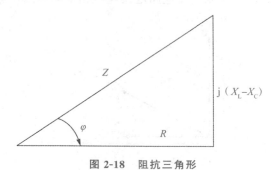

图 2-18　阻抗三角形

3. RLC 串联电路的功率、功率因数

（1）有功功率 P。在 RL 串联交流电路中，电路消耗的有功功率等于电阻消耗的有功功率。

$$P = I^2 R = UI \cos \varphi$$

（2）无功功率 Q。在 RL 串联交流电路中，电路的无功功率也就是电抗上的无功功率。

$$Q = I^2 (X_L - X_C) = UI \sin \varphi$$

（3）视在功率 S。电路总电流与总电压有效值的乘积为视在功率，用字母 S 表示，单位为伏安（VA）。

$$S = UI = \sqrt{P^2 + Q^2}$$

有功功率、无功功率和视在功率组成了功率三角形，S 和 P 的夹角为功率角。

（4）功率因数。电路的有功功率与视在功率之比称为功率因数 $\cos \varphi$。

$$\cos \varphi = P/S = R/Z$$

图 2-19 为功率三角形，功率三角形不是相量图，可表达有功功率、无功功率和视在功率的数量关系。

在电路或设备中，无功功率和有功功率都是非常重要的。虽然无功功率只是进行电磁能量的转换，并不对负载做功，但是没有无功功率，变压器不能变压，电动机不能转动，这样电力系统不能正常运行。

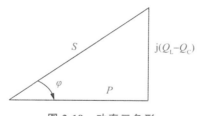

图 2-19　功率三角形

无功功率占用了电力系统发电或供电设备提供功率的能力，同时也增加了电力系统输电过程中的损耗，导致设备或线路的功率因数降低。

【例 2-6】RLC 串联电路，电阻 8 Ω、感抗 $X_L=20$ Ω、容抗 $X_C=14$ Ω，接在 220 V 的工频电源上，求：（1）电路阻抗和线圈电流；（2）求各元件上电压；（3）电路的有功功率、无功功率、视在功率和功率角。

【解】（1）电路阻抗

$$Z=\sqrt{R^2+(X_L-X_C)^2}=\sqrt{8^2+(20-14)^2}=10$$

电路电流　　　　　　　$I=U/\,|\,Z\,|\,=220/10=22\ (A)$

（2）电阻电压　　　　　$U_R=I\times R=176(V)$

电感电压　　　　　　　$U_L=I\times X_L=440(V)$

电容电压　　　　　　　$U_C=I\times X_C=308(V)$

（3）有功功率　　　　　$P=I^2\times R=3\ 872(W)$

无功功率　　　　　　　$Q=Q_L-Q_C=2\ 904(Var)$

视在功率　　　　　　　$S=U\times I=4\ 840(VA)$

功率角　　　　　　　　$\varphi=\arctan[(X_L-X_C)/R]=36.9°$

4. 电路特性

从上述分析可知，在 RLC 串联电路中，当 $X_L>X_C$ 时，$U_L>U_C$，$\varphi>0$，总电压超前电流，这时电路表现为感性特性；当 $X_L<X_C$ 时，$U_L<U_C$，$\varphi<0$，总电压滞后电流，电路表现为容性特性；当 $X_L=X_C$ 时，$U_L=U_C$，$\varphi=0$，总电压与电阻电压相同，这时电路总电压与电流同相，电路表现为电阻特性，称为串联谐振。三种特性电路示意图如图 2-20 所示。

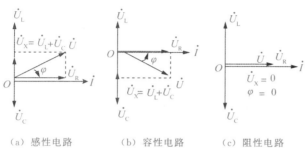

（a）感性电路　　　（b）容性电路　　　（c）阻性电路

图 2-20　三种特性电路示意图

在电阻、电感和电容串联电路中，如果发生总电压与电流同相的谐振时，由于电抗为零，因此电路阻抗最小。当电压不变时，发生谐振时电路的电流最大，而在电感和电容两端将出

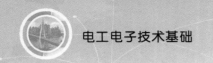

现过电压情况等。上述例题中，电感和电容两端的电压分别是 440 V 和 308 V，均远大于电源电压。

在低压配电系统中，设备电压通常为 380 V 或 220 V，如果发生谐振，那么就出现过电压导致设备故障或事故，因此应避免谐振的发生。

2.2.6 功率因数改善

在交流电路中，电路的有功功率与视在功率之比称为功率因数 $\cos\varphi$，功率因数也等于电压与电流之间的相位差余弦。由于大部分电路中都含有电感或电容性负载，因此功率因数基本小于 1。

功率因数是衡量配电线路以及电气设备效率高低的指标，其大小与电路的负荷性质有关。对于感性负载大的配电线路或设备，用于建立交变磁场及进行能量转换的无功功率大，在电源提供视在功率相同情况下，提供的有功功率减少，功率因数低。

【例 2-7】某发电机额定电压为 220 V，输出视在功率为 4 400 kVA。发电机在额定工况下发电时，能让多少台额定电压 220 V、有功功率为 4.4 kW、功率因数为 0.5 的设备正常工作？如果把设备功率因数提高到 0.8，这时又能让多少台设备正常工作？

【解】发电机额定电流为

$$I_e = \frac{S}{U} = \frac{4\ 400 \times 10^3}{220} = 2 \times 10^4\ (A)$$

设备功率因数为 0.5 时电流

$$I_1 = \frac{P}{U\cos\varphi_1} = \frac{4\ 400}{220 \times 0.5} = 40\ (A)$$

可供设备台数为

$$n_1 = \frac{I_e}{I_1} = \frac{2 \times 10^4}{40} = 500\ (台)$$

设备功率因数提高到 0.5 时，电流

$$I_2 = \frac{P}{U\cos\varphi_2} = \frac{4\ 400}{220 \times 0.8} = 25\ (A)$$

可供设备台数为

$$n_2 = \frac{I_e}{I_2} = \frac{2 \times 10^4}{25} = 800\ (台)$$

从例 2-7 可见，功率因数低会降低电源利用率。实际生产和生活中，大多数用电设备为感性负载，设备本身的功率因数较低，导致线路或系统的功率因数偏低。

为了提高线路或设备的功率因数，提高电源利用率和降低线路成本，可采取在线路或设备并联电容补偿法或提高自然功率因数等措施。

1. 并联电容补偿法

并联电容补偿法是在感性负载上并联电容器，利用电容器无功功率 Q_C 来补偿感性负载的无功功率 Q_L，降低感性负载对线路或电源间的能量交换。

【例2-8】一台功率为2.2 kW的单相感应电动机，接在220 V、50 Hz的电路中，电动机的电流为20 A，求：（1）电动机的功率因数；（2）如果在电动机两端并联一个159 μF的电容器，电路的功率因数为多少？

【解】（1）电动机功率因数为

$$\cos \varphi = \frac{P}{UI_e} = \frac{2.2 \times 1\,000}{220 \times 20} = 0.5$$

功率角为

$$\varphi_1 = 60°$$

（2）设没有并联电容前电路中的电流为I_1，并联电容后，电动机中的电流不变，仍为I_1，但电路总电流发生了变化，由I_1变成I。电流相量关系为

$$\dot{I} = \dot{I}_1 + \dot{I}_c$$

图2-21为并联电容后相量图。

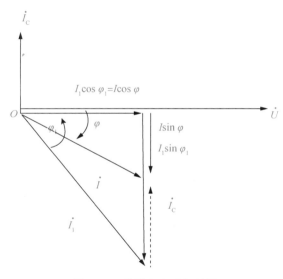

图2-21　并联电容后相量图

并联的电容电流为

$$I_c = \omega C U = 314 \times 159 \times 10^{-6} \times 220 \approx 11\ (A)$$

由图2-21中可知

$$I_c = I_1 \sin \varphi_1 - I \sin \varphi$$

$$I_1 \sin \varphi_1 = 20\sin 60° \approx 17.32$$

因此，补偿后

$$I \sin \varphi = I_1 \sin \varphi_1 - I_c = 17.32 - 11 = 6.32\ (A)$$

$$I \cos \varphi = I_1 \cos \varphi_1 = 20\cos 60° = 10\ (A)$$

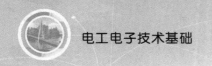

$$I = \sqrt{(I\sin\varphi)^2 + (I\cos\varphi)^2} = \sqrt{6.32^2 + 10^2} = 11.83$$

$$\cos\varphi = 10/11.83 = 0.845$$

并联电容后，电路的功率因数从 0.5 提高到 0.845。

实际应用中，投入电容器对电路功率因素补偿的方法有就地补偿和集中补偿等方式。就地补偿主要针对某些功率因素低的设备，根据其功率因素计算出需要投入的并联补偿电容器容量，直接对该设备进行补偿。集中补偿是在高低压配电线路中根据功率因数情况，安装并联电容器组进行补偿。

2. 提高自然功率因数

除使用电容补偿方法提高功率因数外，还可以通过合理选配设备和生产调度等管理方式提高功率因数。

在选择电机容量时，尽可能安排处于较高的负载工况，不宜让电机设备长期处于轻载运行状态。如变压器负荷率在 80% 附近是比较理想的工况。企业设计生产流程时应合理安排，尽量集中生产，避免长时间空载运行。

2.3 三相交流电

2.3.1 三相交流电概念

电力生产、输送、分配和使用的各个环节大多数采用三相交流电。与单相交流电对比，三相交流电具有很多优点。从发电环节来说，三相交流发电机输出功率大、效率高。从电力输送环节来说，在相同输电距离条件下，如果输送功率相等、电压相同、要求损耗相同，那么采用三相输电方式可以节约大量输电线材等材料成本。从使用电能的负载设备环节来说，三相电动机结构简单，价格低廉，性能良好，维护使用方便。

三相交流电由三相交流发电机产生。三相交流发电机由定子（磁极）和转子（电枢）组成。发电机的转子绕组由 A—X、B—Y、C—Z 三组组成，每个绕组称为一相，三相绕组匝数相等、结构相同，对称嵌放在定子铁芯槽中，在圆周上互相相差 120°。三相绕组的首端分别用 A、B、C 表示，尾端分别用 X、Y、Z 表示。通常把三绕组称为 A 相绕组、B 相绕组、C 相绕组。

发电机的转子绕组通电后产生磁场，在原动机带动下，发电机转子沿逆时针方向以角速度 ω 旋转时，转子与定子之间发生相对运动，相当于定子绕组在顺时针方向上做切割磁力线运动。根据电磁感应定律，三相绕组分别产生感应电动势。由于三个绕组完全对称且在空间上相差 120°，三相产生的感应电动势最大值相等 E_m，频率相同，但是初相位相互差异为 120°，三相交流电动势瞬时值的正弦函数表达式为

$$e_A = E_m \sin\omega t$$

$$e_B = E_m \sin(\omega t - 120°)$$

$$e_C = E_m \sin(\omega t + 120°)$$

从上组表达式得三相电动势的波形图和相量图，如图 2-22 所示。

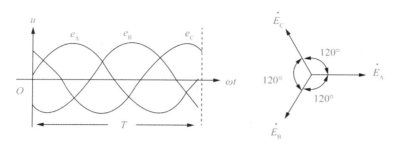

图 2-22　三相电动势波形图和相量图

三相电动势的相量极坐标可表示为

$$\dot{E}_A = E_m\angle 0°$$

$$\dot{E}_B = E_m\angle -120°$$

$$\dot{E}_C = E_m\angle 120°$$

A 相电动势超前 B 相电动势 120°相位，B 相电动势超前 C 相电动势 120°相位，C 相电动势超前 A 相电动势 120°相位。

相序是指三相电动势到达最大值（或零）的先后次序，从上述分析可知，三相电动势相序是 A 相到 B 相，再到 C 相，这样相序为正序。

由波形图可知，三相对称电动势在任一瞬间的代数和为零。

$$e_A + e_B + e_C = 0$$

由相量图可知，如果把这三个电动势相量加起来，相量和为零。

$$\dot{E}_A + \dot{E}_B + \dot{E}_C = 0$$

电路分析中通常用电压来进行分析，三相交流电的电压表达式为

$$U_A = U_m\sin\omega t$$

$$U_B = U_m\sin(\omega t - 120°)$$

$$U_C = U_m\sin(\omega t + 120°)$$

三相电压的相量极坐标可表示为

$$\dot{U}_A = U_m\angle 0°$$

$$\dot{U}_B = U_m\angle -120°$$

$$\dot{U}_C = U_m\angle 120°$$

2.3.2　三相电源连接

三相交流电作为电源向负载供电时，有星形连接（也称 Y 接）和三角形连接（也称△接），其中星形连接是最常用的连接方式。

1. 三相电源星形连接

（1）星形连接。星形连接是把发电机三相绕组的尾端 X、Y、Z 连接，三相绕组的首端

A、B、C 分别与三相电源输电线路连接，通过输电线路连接将负载。三相电源星形连接如图 2-23 所示。图中尾端 X、Y、Z 连接点称为中性点或零点，在线路上用符号"N"表示，从中性点引出的导线称为中性线或零线。三相绕组首端的接线端子用 A、B、C 表示，从 A、B、C 引出的三根导线称为相线（也称火线），分别用 L1、L2、L3 表示。

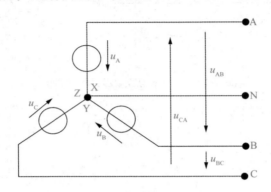

图 2-23 三相电源星形连接

在星形连接中，由三根相线和一根中性线所组成的输电方式称为三相四线制，通常在低压配电系统中采用三相四线制这种方式。而只由三根相线所组成的输电方式称为三相三线制，三相三线制常用于 10 kV 以上等级输电线路。

（2）相电压与线电压。三相电源的星形连接方式有输出相电压和线电压两种电压。

第一种电压是每相绕组两端的电压，如 A 和 X、B 和 Y、C 和 Z 之间的电压，即各相线与中性线之间的电压，瞬时值用 u_A、u_B、u_C 表示。由于三相交流电的三个电动势的最大值相等，频率相同，相位差均为 $120°$，所以三相交流电源的三个相电压是对称的，最大值相等，频率相同，相位差为 $120°$。三相的相电压有效值相等，用 U_P 表示。对于相电压的脚标只有一个字母，表示了相电压的正方向由相线指向中性线或零线。

第二种电压是线电压，它是各相绕组首端之间电压，也就是各相线之间的电压，瞬时值用 u_{AB}、u_{BC}、u_{CA} 表示，各线电压的脚标表示线电压的正方向。线电压也是对称的，相位差为 $120°$。三相的线电压有效值相等，用 U_L 表示。

对于线电压，由电压瞬时值的关系可知：

$$u_{AB} = u_A - u_B$$

$$u_{BC} = u_B - u_C$$

$$u_{CA} = u_C - u_A$$

由于它们都是同频率的正弦量，因此可以用有效值相量表示：

$$\dot{U}_{AB} = \dot{U}_A - \dot{U}_B$$

$$\dot{U}_{BC} = \dot{U}_B - \dot{U}_C$$

$$\dot{U}_{CA} = \dot{U}_C - \dot{U}_A$$

图 2-24 为三相电源的相电压与线电压的相量图。从图中可以看出，线电压在相位上比各对应的相电压超前 $30°$，各线电压也是对称的，相位差也都是 $120°$。

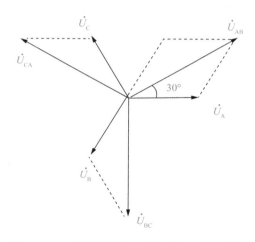

图 2-24 三相电源的相电压与线电压的相量图

可以计算出来线电压与相电压的关系：

$$\dot{U}_{AB} = \dot{U}_A - \dot{U}_B = \sqrt{3}\dot{U}_A \angle 30°$$

$$\dot{U}_{BC} = \dot{U}_B - \dot{U}_C = \sqrt{3}\dot{U}_B \angle 30°$$

$$\dot{U}_{CA} = \dot{U}_C - \dot{U}_A = \sqrt{3}\dot{U}_C \angle 30°$$

即

$$\dot{U}_L = \sqrt{3}\dot{U}_P \angle 30°$$

线电压与相电压的有效值关系

$$U_L = \sqrt{3}U_P$$

在低压配电系统中，三相电源的星形连接可以输出两种电压，就是通常所指的有效值为 380 V、220 V 两种电压。其中 380 V 是线电压，220 V 是相电压。

2. 三相电源三角形连接

三角形连接是把发电机三相绕组的首尾端依次连接，形成三个连接点与三相电源输电线路连接，通过输电线路连接将负载。

三相电源三角形连接如图 2-25 所示，AX 绕组的尾端 X 与 BY 绕组的首端 B 相连，BY 绕组的尾端 Y 与 CZ 绕组的首端 C 相连，CZ 绕组的尾端 Z 与 AB 绕组的首端 A 相连，这三个连接点作为三相电源输出端。

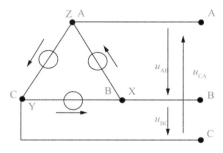

图 2-25 三相电源三角形连接

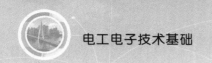

当发电机绕组接成三角形时，每相绕组直接跨接在两相线之间，线电压等于相电压。

$$U_L = U_P$$

与星形连接可以输出两种电压不同，三相电源作三角形连接只能输出一种电压，每相电压数值相等，相位差为120°，图2-26为三相交流电三角形连接电压相量图。

任意两相电压的相量和与第三相电压大小相等、方向相反。

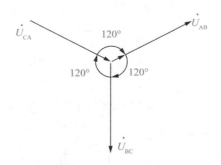

图2-26　三相交流电三角形连接电压相量图

在三相电压作三角形连接时，各相相量和为零，回路中就不会有电流。但如果某绕组接反就会导致三相绕组电压相量和不为零（等于相电压的两倍），发电机绕组阻抗小，三角形回路中将产生很大的环流，可能导致发电机绕组损坏或烧毁。因此在实际应用中，三相电源三角形连接较少使用。

2.3.3　三相负载连接

实际应用中使用交流电的负载可分为单相和三相两种，单相负载通过单相电源供电，如风扇、电灯等设备；三相负载通过三相电源供电，如三相异步电动机、三相电加热炉等设备。在电力线路中，单相负载实际上接在三相电源的某一相线与中性线上，因此单相负载也属于三相系统中的一部分。

三相负载的连接方式分为星形和三角形。负载连接到电源时，必须确保负载额定电压等于电源电压，这样才能确保负载正常工作。

负载连接到三相电源中时，应尽量使三相电路的负载对称。在三相电路中，三相负载的复阻抗相等（阻抗的模相等和阻抗角相同）的是对称三相负载，例如，三相电动机、三相变压器等；由对称三相负载组成的三相电路称为三相对称电路。而三相负载的复阻抗不相等被称为不对称三相负载，如三相照明电路的负载。在配电设计和运行中，尽可能使三相负载达到对称和三相电源供电均衡，往往把电路中的单相负载尽可能平均分配到三相电源上。

1. 三相负载的星形连接

（1）对称三相负载星形连接。图2-27为负载三相四线星形连接方式示意图，三相负载三个尾端连接在一起接到电源的中性线上，三相负载的首端分别接到电源的三条相线上。

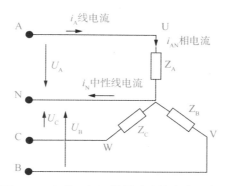

图 2-27　负载三相四线星形连接方式示意图

在图 2-27 的对称三相负载星形连接中，三相负载的阻抗分别是 Z_A、Z_B 和 Z_C，它们的关系是

$$Z_A = Z_B = Z_C$$

① 相电压与线电压。在星形连接方式下，负载端电压等于电源相电压。如果忽略输电线路上的电压降，那么负载的相电压等于电源的相电压，负载的线电压等于电源的线电压。三个相电压对称，三个线电压也对称。线电压与相电压的关系与三相电源相同，为

$$U_L = \sqrt{3} U_P$$

② 相电流与线电流。负载的相电流是指流过每相负载的电流，负载的线电流是指流过相线或端线的电流。由于三相负载对称，流过每相负载的相电流相等。线电流的正方向规定为从电源端流向负载端，对称三相负载的线电流有效值用 I_L 表示。由图 2-27 可知，负载的线电流等于对应相的相电流。

$$I_P = I_L$$

由于三相负载和三相电压对称，因此相电流对称，相电流的值大小相等，相位互差 120°，相电流和线电流为

$$\dot{I}_L = \dot{I}_P = \dot{I}_A = \dot{I}_B = \dot{I}_C = \frac{\dot{U}_P}{Z}$$

由于相电流对称，中性线电流为零

$$\dot{I}_N = \dot{I}_A + \dot{I}_B + \dot{I}_C = 0$$

由此可见，在对称三相负载星形连接中，中性线电流为零。在这种连接方式下，即使中性线断开或者没有中性线，其作用也与有中性线完全相同，各相负载的电流和电压是对称的，负载工作不受影响。

（2）不对称三相负载星形连接。在图 2-27 所示的三相负载星形连接中，如果三相负载是不对称的，那么各相阻抗的关系是

$$Z_A \neq Z_B \neq Z_C$$

如果电路中有中性线时，各相负载的相电压等于电源的相电压，负载的线电压等于电源的线电压。三个相电压对称，三个线电压也对称。但是各相的电流不相等，应按照单相电路的分析方法分别计算各相的电流。

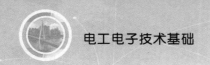

【例 2-9】 在图 2-28 中，电路电源线电压为 380 V，三相照明负载星形连接，每相都安装了额定值为 220 V/40 W 的白炽灯泡 50 个。某时刻各相灯泡工作情况如下：U 相所有灯泡关断，V 相开 25 个灯泡，W 相 50 个灯泡全开，求各相电流。

【解】 电路为不对称三相负载星形连接，有中性线。

线电压 $U_L = 380$ V，相电压 $U_P = 220$ V。

U 相所有灯泡关断，相当于断路，V 相和 W 相在额定电压条件下正常工作。

U 相断路，通过 U 相的电路为零

$$I_U = 0$$

V、W 相的电流是

$$I_V = \frac{25 \times 40}{220} = 4.55(\text{A})$$

$$I_W = \frac{50 \times 40}{220} = 9.09(\text{A})$$

如果电路中没有中性线时，各相负载的相电压不等于电源的相电压，各相的电流也不相等，应按照单相电路的分析方法分别计算各相的电流。

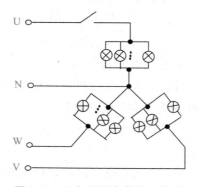

图 2-28　三相照明负载带中性线

【例 2-10】 在图 2-29 中，电路电源线电压为 380 V，三相照明负载星形连接，每相都安装了额定值为 220 V/40 W 的白炽灯泡 50 个。某天各相灯泡工作情况如下：U 相所有灯泡关断，V 相开 25 只，W 相灯全开。中性线因故断开，分析各相负载是否能正常工作。

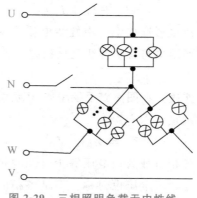

图 2-29　三相照明负载无中性线

【解】 本电路的中性线断开，U 相断路，V 、W 两相负载串联接于 380 V 线电压上。

V 相的电阻为

$$R_V = \frac{220^2}{25 \times 40} = 48.4（\Omega）$$

W 相的电阻为

$$R_W = \frac{220^2}{50 \times 40} = 24.2（\Omega）$$

V 相负载的电压为

$$U_V = U_L \frac{R_V}{R_V + R_W} = 253（V）$$

W 相负载的电压为

$$U_V = U_L \frac{R_W}{R_V + R_W} = 127（V）$$

这时，V 相负载两端电压大于额定电压，V 相灯泡很快会烧毁，电路断路。在 V 相灯泡烧毁前，W 相电压远小于额定电压，也无法正常工作。

从上述例子可以看出，在三相四线配电电路中，中性线的作用十分重要。中性线可以防止负载电压不相等导致损坏或不能正常工作；当电路中某一相发生故障时，其他无故障负载相继续正常工作。因此，必须保证中性线在运行中可靠、不断开，不允许安装保险丝和开关。

2. 负载的三角形连接

负载的三角形连接是指三相负载首尾相接构成一个闭环，由三个连接点向外引出端线与三相电源连接，如图 2-30 所示。

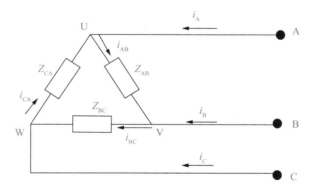

图 2-30　负载三角形连接

在负载的三角形连接中，因为三相电源的电压对称，所以不管三相负载是否对称，三相负载的相电压也是对称的。负载的相电压等于电源的线电压

$$\dot{U}_L = \dot{U}_P,\ U_P = U_L$$

三角形连接各相电流为

$$\dot{I}_{AB} = \frac{\dot{U}_{AB}}{Z_{AB}},\ \dot{I}_{BC} = \frac{\dot{U}_{BC}}{Z_{BC}},\ \dot{I}_{CA} = \frac{\dot{U}_{CA}}{Z_{CA}}$$

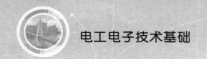

如果三相负载对称，三相的阻抗相同

$$Z_{AB} = Z_{BC} = Z_{CA}$$

那么负载的各相电流大小相等

$$I_{AB} = I_{BC} = I_{CA} = I_P = \frac{U_L}{Z}$$

三角形连接的线电流

$$\dot{I}_A = \dot{I}_{AB} - \dot{I}_{CA}$$

$$\dot{I}_B = \dot{I}_{BC} - \dot{I}_{AB}$$

$$\dot{I}_C = \dot{I}_{CA} - \dot{I}_{BC}$$

【例 2-11】380 V 的三相对称电路中，将三只 55 Ω 的电阻分别接成星形和三角形，试求两种接法的线电压、相电压、线电流和相电流。

【解】星形连接方式连接时

$$U_L = 380(V)$$

$$U_P = \frac{U_L}{\sqrt{3}} \approx 220(V)$$

$$I_L = I_P = \frac{U_P}{R} = 220/55 = 4(A)$$

三角形连接方式时

$$U_L = U_P = 380(V)$$

$$I_P = \frac{U_P}{R} = 380/55 = 6.9(A)$$

$$I_L = \sqrt{3} I_P = 12(A)$$

从本例题可以看出，电源相同情况下，对称负载三角形连接的线电流是星形连接时线电流的 3 倍。

2.3.4 三相功率计算

在三相电路中，三相负载总有功功率等于各相负载有功功率之和，即

$$P = P_U + P_V + P_W$$
$$= U_U I_U \cos \varphi_U + U_V I_V \cos \varphi_V + U_W I_W \cos \varphi_W$$

三相负载的无功功率等于各相负载无功功率之和，即

$$Q = Q_U + Q_V + Q_W$$
$$= U_U I_U \sin \varphi_U + U_V I_V \sin \varphi_V + U_W I_W \sin \varphi_W$$

三相负载的视在功率

$$S = \sqrt{P^2 + Q^2}$$

三相负载的功率因数

$$\cos \varphi = P/S$$

对于对称三相负载进行星形连接时，根据其线电压与相电压、线电流与相电流关系

$$U_L = \sqrt{3} U_P, \ I_L = I_P$$

有功功率为

$$P = 3 U_P I_P \cos \varphi$$

$$= 3 \times \frac{1}{\sqrt{3}} U_L I_L \cos \varphi = \sqrt{3} U_L I_L \cos \varphi$$

对于对称三相负载进行三角形连接时，根据其线电压与相电压、线电流与相电流关系

$$U_L = U_P, \ I_L = \sqrt{3} I_P$$

有功功率为

$$P = 3 U_P I_P \cos \varphi$$

$$= 3 \times U_L \frac{1}{\sqrt{3}} I_L \cos \varphi = \sqrt{3} U_L I_L \cos \varphi$$

因此，在对称三相负载电路中，无论采用星形连接或三角形连接方式，三相电路有功功率、无功功率和视在功率计算公式如下

$$P = \sqrt{3} U_L I_L \cos \varphi$$

$$Q = \sqrt{3} U_L I_L \sin \varphi$$

$$S = \sqrt{3} U_L I_L$$

【例 2-12】某对称三相负载，每相电阻 $R = 6 \ \Omega$，感抗 $X_L = 8 \ \Omega$。把该负载分别以星形和三角形方式进行连接到线电压为 380 V 的对称三相交流电源上。求：（1）负载作星形连接时相电流、线电流、有功功率、无功功率和视在功率；（2）负载做三角形连接时相电流、线电流、有功功率、无功功率和视在功率。

【解】对称三相负载每相的阻抗为

$$Z = \sqrt{R^2 + X_L^2} = \sqrt{6^2 + 8^2} = 10 (\Omega)$$

功率因数为

$$\cos \varphi = \frac{R}{Z} = 0.6$$

（1）负载作星形连接时，负载相电压为

$$U_P = \frac{U_L}{\sqrt{3}} = 220 (V)$$

负载每相相电流为

$$I_P = \frac{U_P}{Z} = \frac{220}{10} = 22 (A)$$

负载作星形连接时，线电流等于相电流

$$I_L = I_P = 22 (A)$$

三相负载有功功率、无功功率和视在功率为

$$P = \sqrt{3} U_L I_L \cos \varphi = \sqrt{3} \times 380 \times 22 \times 0.6 = 8.69 (kW)$$

$$Q = \sqrt{3} U_L I_L \sin \varphi = \sqrt{3} \times 380 \times 22 \times 0.8 = 11.58 (kVar)$$

$$S = \sqrt{3} U_L I_L = \sqrt{3} \times 380 \times 22 = 14.48 (kVA)$$

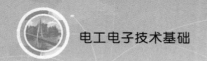

（2）负载做三角形连接时，负载相电压等于线电压

$$U_P = U_L = 380(V)$$

相电流为

$$I_P = \frac{U_P}{Z} = \frac{380}{10} = 38(A)$$

根据三角形连接时线电流与相电流的关系，线电流为

$$I_L = \sqrt{3}\,I_P = \sqrt{3} \times 38 = 65.81(A)$$

三相负载有功功率、无功功率和视在功率为

$$P = \sqrt{3}\,U_L I_L \cos\varphi = \sqrt{3} \times 380 \times 65.81 \times 0.6 = 25.99(kW)$$

$$Q = \sqrt{3}\,U_L I_L \sin\varphi = \sqrt{3} \times 380 \times 65.81 \times 0.8 = 34.65(kVar)$$

$$S = \sqrt{3}\,U_L I_L = \sqrt{3} \times 380 \times 65.81 = 43.31(kVA)$$

由上例题可知，在三相电源作用下，对称负载以三角形方式进行连接时，线电流、有功功率、无功功率和视在功率为星形连接时的 3 倍。因此对于负载该选取星形连接还是三角形连接方式，应根据负载的额定电压和电源情况来确定。如果负载的额定电压等于电源的线电压，应该采用三角形连接方式；如果负载额定电压等于电源相电压，应采用星形连接方式。

本章小结

本章主要介绍了交流电路的相关知识，帮助读者了解正弦交流电周期、频率和角频率，并掌握三相交流电的基本内容。希望通过本章的学习，读者能够对电路的分析计算有一定的认知，提高科学探究的能力。

习题 2

一、选择题

1. 提高供电电路的功率因数，下列说法正确的是（　　）。

A. 减少了用电设备中无用的无功功率

B. 减少了用电设备的有功功率，提高了电源设备的容量

C. 可以节省电能

D. 可提高电源设备的利用率并减小输电线路中的功率损耗。

2. 已知 $i_1 = 10\sin(314t + 90°)$ A，$i_2 = 15\sin(628t + 30°)$ A，则（　　）。

A. i_1 超前 i_2 60°　　　　　　　　　　B. i_1 滞后 i_2 60°

C. 相位差无法判断　　　　　　　　　　　D. 两者同相

3. 在 RL 串联电路中，$U_R = 4$ V，$U_L = 3$ V，则总电压为（　　）。

A. 7 V　　　　　　　　B. 12 V　　　　　　　　C. 5 V　　　　　　　　D. 1 V

4. 正弦交流电路的视在功率等于电路的（　　　）。

A. 电压有效值与电流有效值乘积

B. 平均功率

C. 瞬时功率最大值

D. 无功功率

5. 三相对称电路是指（　　　）。

A. 三相电源对称的电路

B. 三相负载对称的电路

C. 三相电源和三相负载均对称的电路

D. 三相电源和对称和三相负载不对称的电路

二、填空题

1. 从耗能和储能的角度分析，电阻元件为_____元件，电感和电容元件为_____元件。

2. 表达正弦交流电振荡幅度的量是_____，随时间变化快慢程度的量是_____，起始位置时的量称为它的_____，这三者被称为正弦交流电的_____。

3. 能量转换过程不可逆的功率为_____功率；能量转换过程可逆的功率为_____功率；它们叠加总和称为_____功率。

4. 电网的功率因数越高，电源的利用率就_____，无功功率就_____。

5. 交流电路中只有电阻和电感元件相串联时，电路性质呈_____，交流电路中只有电阻和电容元件相串联的电路，电路性质呈_____。

6. 当 RLC 串联交流电路中发生谐振时，电路中_____最小且等于_____，电路中电压一定时_____最大，可能出现_____等故障。

7. 如果负载的额定电压等于电源的线电压，应该采用_____连接方式。如果负载额定电压等于电源相电压，应采用_____连接方式。

三、简答题

1. 简述提高功率因数的意义和方法。

2. 某接触器线圈额定耐压值为 500 V，如果把它接在交流 380 V 的电源上会有什么情况发生？为什么？

四、计算题

1. 某正弦交流电电压有效值为 220 V，初相位为 0°频率为工频。另一正弦交流电的电压有效值为 110 V，初相位为 −60°，频率为工频。求：

（1）写出这两个正弦交流电的瞬时值表达式；

（2）求两者的相位差并分析它们的相位关系。

2. 分析 $u_1 = 220\sqrt{2}\sin（100\pi t + 60°）$ V 与 $u_2 = 220\sqrt{2}\sin（120\pi t + 90°）$ V 的相位差。

3. 已知正弦交流电 $u_1 = 8\sin（314t + 120°）$ V 和 $u_2 = 8\sin（314t - 120°）$ V，求总电压并画出相量图。

4. 求以下正弦交流电有效值相量

（1）$i=28.2\sin(\omega t+120°)$ A；（2）$u=311\sin(\omega t+30°)$ V。

5. RL 串联电路接到 220 V 的直流电源时功率为 1.2 kW，接在 220 V、50 Hz 的电源时功率为 0.6 kW，试求它的 R、L 值。

6. 已知交流接触器的线圈电阻为 200 Ω，电感量为 7.3 H，接到工频 220 V 的电源上。求线圈中的电流。如果把该接触器接到 220 V 直流电源上，线圈中的电流值是多少？如果该线圈允许通过的电流为 0.1 A，将产生什么后果？

7. 一个标称 10 μF，耐压为 220 V 的电容，问：

（1）将它接到 50 Hz，电压有效值为 110 V 的交流电源时，电路电流和无功功率各为多少？

（2）如果电压不变，而电源频率变为 1 000 Hz，那么电流和无功功率是多少？

（3）如果把这个电容接到 220 V 的交流电源上会有什么情况？

8. 某对称三相负载，每相电阻 $R=3$ Ω，感抗 $X_L=4$ Ω。把该负载分别以星形和三角形方式进行连接到相电压为 220 V 的对称三相交流电源上。求：

（1）负载作星形连接时相电流、线电流、有功功率、无功功率和视在功率；

（2）负载作三角形连接时相电流、线电流、有功功率、无功功率和视在功率。

第3章 安全用电与低压配电

本章导读

　　低压配电是我国电力系统的重要组成部分，应用范围非常广泛。近年来，我国经济快速发展，各行各业的用电量不断增加，这使得低压配电系统的应用范围越来越广泛，为了确保低压配电的安全用电，应详细了解低压配电的防触电保护方法，如发电方式、漏电保护器、保护接地等，结合低压配电的接地类型，做好相关安全设置，充分发挥低压配电的应用优势，保障人们的生命安全。本章主要介绍电力系统的安全用电。

学习目标

➢ 了解电力系统组成。

➢ 掌握安全用电知识和触电急救技能。

➢ 理解电气防火、防爆和防雷知识。

➢ 理解漏电保护装置原理和接地（零）作用。

思政目标

➢ 增强学生的国家安全意识，树立整体国家安全观，增强国防意识，自觉履行维护国家安全义务。

➢ 培养学生安全用电、行业标准、规范操作、节约环保，团结协作、吃苦耐劳、勇于创新的职业素养。

3.1　电力系统概述

3.1.1　电力系统组成

　　电力系统由发电厂、变电站所、输电网、配电网和电力用户几个环节组成，是把其他能源转换成电能并输送和分配到用户的系统。

　　在电力系统中，发电厂是电源部分，发电厂的作用是把其他能转换成电能，为电力系统提供电源。目前发电机输出的电能电压以 10 kV 为主。

　　变电站所分升压变电站所和降压变电站所。升压变电站所是把发电厂输出电能升压后再

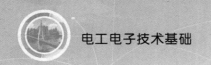

输出到电网中，如把发电机的送来的 10 kV 电能升压到 220 kV 后输送到电网中。降压变电站是把来自电网的较高电压等级的电能降低电压输送给配电网或最终用户，如降压变电站所把电压 110 kV 降到 10 kV。

输电网和配电网统称为电网，是电力系统的重要组成部分，输电网是电力系统中的主要网络。在实际应用中，输电网由多种电压等级的交流或直流输电网络组成，如500 kV、220 kV 高压交流输电，800 kV 的超高压直流输电等。配电网的作用是把电能从降压变电站分配到直接用户，或把电力分配到配电变电站后再向用户供电。一般情况下配电网可按地区划分，一个配电网担任分配一个地区的电力及向该地区供电。电力系统各环节之间通过输电线路连接，使电力系统形成互联，而连接两个电力系统的输电线路称为联络线。

除上述环节外，电力系统还包括保证其安全可靠运行的控制系统，如电力调度自动化、继电保护和监控系统等。

图 3-1 为电力系统组成示意图。

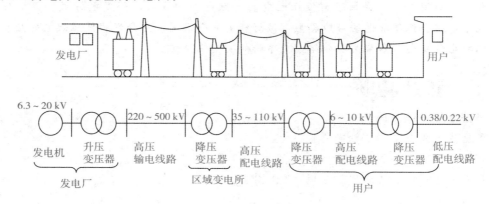

图 3-1 电力系统组成示意图

3.1.2 发电方式

目前主要的发电方式有火力发电、水力发电、风力发电、核能发电和太阳能发电。

1. 火力发电

在我国，目前发电量第一位发电方式是火力发电。火力发电是利用煤炭、石油、天然气等石化燃料燃烧产生热能，热能转化为驱动发电机转动的机械能，然后通过电磁感应把机械能转换为电能。火力发电是现阶段技术最成熟的发电方式，布局时可以靠近负荷中心设置，可靠性和调节性较好，单机容量大，现在很多大型火力发电厂单机装机容量达到 600 MW 以上。但是火力发电也有明显的缺点，它使用不可再生的石化燃料，生产过程中会产生废气、粉尘等污染问题。

2. 水力发电

水力发电也是一种常见的发电方式。水力发电利用水的位能转变成驱动水力发电机的机械能，然后通过电磁感应把机械能转换为电能。水力发电的优点是属于一种可再生的清洁发电方式，发电效率高，发电生产成本低。水力发电的缺点是工程投资大、建设周期长，难以接近负荷中心，需要建设长距离的输电线路，选址受自然条件的影响较大，可能对生态造成一定影响。我国的三峡水电站是当今世界上最大的水力发电厂。

3. 风力发电

风力发电是一种清洁的发电方式。风力发电机由风轮和发电机组成。风力发电的发电原理是在风作用下驱动风轮旋转，把风的动能转变为风轮的机械能，带动发电机发电。由于风能是可再生的能源，因此风力发电方式环境效益好。风力发电的建设周期短、装机规模易于控制。风力发电的缺点是对选址有特殊要求，造价高，运行稳定性较差而且噪声大。近年来，我国的风力发电装机容量快速增长，风力发电装机容量居世界前列。

4. 核能发电

核能发电是利用原子核的核裂变或核聚变反应所释放的能量进行发电，目前主要利用核裂变反应技术进行发电。核电站一般分为两部分：利用原子核裂变生产蒸汽的核岛（包括反应堆装置和一回路系统）和利用蒸汽发电的常规岛（包括汽轮发电机系统），使用的燃料一般是放射性重金属铀、钚。核能发电方式的优点是核燃料体积小能量大；缺点是发电厂有可能产生放射性物质，如果发生严重事故时会对环境和人员造成极大破坏和伤害，如日本福岛核电站和乌克兰切尔诺贝利核事故等。

5. 太阳能发电

太阳能发电方式也是一种清洁发电方式，主要有太阳能电池发电和太阳能热电站两种。太阳能电池发电（光伏发电）是常用的太阳能发电。而太阳能热电站利用汇聚的太阳光，把介质（水）加热至发电所需工况（蒸汽）后用来驱动发电机进行发电。目前太阳能发电技术日趋成熟，这种发电方式的发电量所占比重不断增加。

3.2　触电与急救

3.2.1　安全电压与安全电流

1. 安全电压

安全电压是为了防止触电事故而采用的特定电源的电压系列。安全电压一般是指人体较长时间接触而不致发生触电危险的电压。

国家标准规定 42 V、36 V、24 V、12 V、6 V 为安全电压。当电气设备采用了超过 24 V 的安全电压时，必须采取防直接接触带电体的保护措施。在实际工作中，应根据使用环境、人员和使用方式等因素来选用安全电压值，如表 3-1 所示。

表 3-1　使用环境、人员和使用方式等因素来选用安全电压值

安全电压（交流有效值）（V）	应用举例
42（空载上限小于等于 50 V）	有触电危险的场所使用的手持式电动工具等场合下使用
36（空载上限小于等于 43 V）	矿井、多导电粉尘等场所使用的行灯等场合下使用

（续表）

安全电压（交流有效值）（V）	应用举例
24（空载上限小于等于 29 V） 12（空载上限小于等于 15 V） 6（空载上限小于等于 8 V）	某些人体可能偶然触及的带电体的设备选用。在大型锅炉内工作、金属容器内工作或者在发器内工作，为了确保人身安全一定要使用 12 V 或 6 V 低压行灯。当电气设备采用 24 V 以上安全电压时，必须采取防止直接接触带电体的。其电路必须与大地绝缘

2. 安全电流

电流对人体是有害的，如果通过人体的交流电流大于 20 mA 或直流电流大于 50 mA 时，人就会感觉麻痛或剧痛，呼吸困难，自我不能摆脱电源，长时间会对身体造成很大损害甚至有生命危险。当 100 mA 以上的工频电流通过人体时，人在很短的时间里就会窒息，心脏停止跳动，失去知觉，甚至死亡。

实验和经验证明，不大于 10 mA 的工频交流电流或 50 mA 的直流电流对人体是安全的。

3.2.2 触电的种类和形式

1. 触电种类

触电事故可分为电击和电伤两种。

（1）电击。电击是指人直接接触了带电体，电流通过人体，使肌肉发生麻木、抽动；如不能立刻脱离电源，将使人体神经中枢受到伤害，引起呼吸困难，心脏麻痹，以致死亡。绝大多数（80% 以上）的触电死亡事故都是由于电击造成的，因此电击是一种最危险的触电伤害。电击往往在人体的外表没有显著痕迹，但是会伤害人体内部器官组织。

按照发生电击时电气设备的状态，电击可分为直接接触电击和间接接触电击。

① 直接接触电击：人体触及设备和线路正常运行时的带电导体发生的电击（如误触接线端子发生的电击）。

② 间接接触电击：人体触及的设备或线路正常状态下不带电、而故障时意外带电的导体发生的电击（如接触漏电设备外壳发生的电击）。

（2）电伤。电伤是指由于电流的热效应对人体造成的伤害。电伤的种类有以下几点。

① 电烧伤：由于电流的热效应造成的伤害，分为电流灼伤和电弧烧伤。

② 皮肤金属化：由于在电弧高温的作用下，金属熔化、汽化，金属微粒渗入皮肤，使皮肤粗糙、张紧的伤害。皮肤金属化一般和电弧烧伤同时发生。

③ 机械性损伤：在电流作用下，人体中枢神经反射和肌肉强烈收缩等作用导致的机体组织断裂、骨折等伤害。

④ 电烙印：因人体与带电体接触的部位留下的永久性斑痕，使皮肤失去原有弹性、色泽，表皮坏死。

⑤ 电光眼：是发生弧光放电时，由红外线、可见光、紫外线对眼睛的伤害。电光眼表现为角膜炎或结膜炎。

2. 触电形式

人体的触电形式有三种：直接触电、跨步电压触电、接触电压触电。

（1）直接触电。直接触电一般有单相触电和两相触电两种形式。

单相触电的原因是人体直接接触到电器设备或电力线路中一相带电导体，这时导体、人体和大地将形成回路，电流将通过人体流入大地。图 3-2 为单相触电示意图。

两相触电的原因是人体同时接触电气设备或线路中两相带电导体，致使相线一、人体、相线二形成回路，电流将从相线一通过人体，流入相线二。图 3-3 为两相触电示意图。

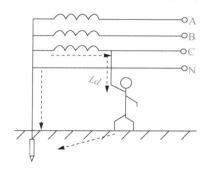
图 3-2 单相触电示意图

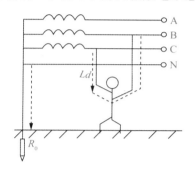
图 3-3 两相触电示意图

在同一供电电压情况下，发生两相触电的后果更严重，因为这时作用于人体的电压是线电压。

（2）跨步电压触电。供电线路或者设备导线发生断落接地故障时，落地点处电位就是导线电位，电流从落地点流入大地。这种情形下在地面上形成分布电位，一般情况下 20 m 以外处的电位才等于零。如果人站在接地点周围 8～10 m 内行走，其两脚之间就有电位差（跨步电压），可能发生触电事故。跨步电压的大小取决于人体离接地点的距离和人体两脚之间的距离。图 3-4 为跨步电压触电示意图。

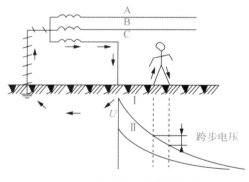
图 3-4 跨步电压触电示意图

（3）接触电压触电。某些电气设备的金属外壳因绝缘老化、安装不良等原因，造成设备的金属外壳带电。如果人碰到带电外壳时就会发生触电，这种触电形式称为接触电压触电。

3.2.3 预防触电基本措施

为了预防触电事故，必须从触电的原因出发分析，从技术、管理等方面采取有效措施预防触电。

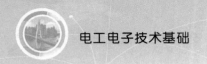

1. 技术措施

（1）电气装置安装。

① 供电线路应采用绝缘性能良好导线，并定期进行检查。

② 导线、熔体等应满足线路载流量要求。导线截面不能小于额定载流量，熔体材质、容量应符合设计要求。

③ 电气装置和设备的金属外壳应采取良好的保护接地等措施，接地电阻应符合要求。

④ 电气装置、设备安装高度和安全距离应符合规程，现场条件不满足者，应采取相应措施如设置屏障等。

⑤ 电气装置和设备应使用漏电保护器等安全装置。

（2）电气装置运行。

① 操作人员应穿着绝缘鞋，并配备合格的安全用具。

② 配电室、设备开关柜地面应铺设绝缘地板。

③ 使用合格的安全器具、仪器、仪表，并进行定期试验，发现不合格者须报废，不得使用。

④ 定期测量电气装置的绝缘电阻，发现不合格者立即停止使用并检修。

（3）电气装置维修。在全部停电或部分停电的电气装置进行维修工作前，必须做好四项技术措施：停电、验电、装设、接地线（合接地刀闸，防止突然来电伤害现场工作人员和将设备断开部分的残余电荷放尽所做的工作）和悬挂标示牌和装设遮栏，悬挂"禁止合闸，有人工作""止步，高压危险！"等标示牌。

2. 管理措施

（1）严格执行两票三制等电气安全规程、电气运行规程，安全技术措施必须落实。

（2）加强全员防触电事故教育，提高全员防触电意识。

（3）健全安全用电制度，严禁无证人员从事电工作业。

（4）针对发生触电事故高峰值带有季节性的特点做好防范工作。

3.2.4 触电急救方法

发现有人触电时，应在保证自身安全情况下，迅速切断电源，使触电者脱离电源，然后根据触电者的情况进行及时救治。

1. 迅速切断电源

使触电者脱离电源的方法有以下几个。

（1）立即将电源空气开关、闸刀等断开或将插头拔掉，切断电源。必须注意的是，普通的电灯开关（如拉线开关）是单极开关，只能关断一根线，有可能由于因安装原因导致断的不是相线，从而没有真正切断电源。

（2）用绝缘工具，如带绝缘电工钳等切断电线来切断电源。

（3）当找不到开关等断开电源点时，可用绝缘的物体（如干燥的木棍、塑料等）将电线从触电者处拨开，使触电者脱离电源。

施救者必须注意，触电者是带电体，施救过程中切勿直接接触触电者，防止自身触电。

2. 现场紧急救护

当触电者脱离电源后，应根据触电者的具体情况，迅速组织现场救护工作。

人触电后可能出现神经麻痹、呼吸中断、心脏停跳等症状，外表上呈现昏迷或"死亡"状态。不应草率认为触电者已经死亡，应该看作假死并尽力持久进行急救。事实证明，如现场急救及时，方法得当，大部分触电者可以获救。

触电急救应尽可能就地进行，只有条件不允许时，才可将触电者抬到其他地方进行急救。使触电者脱离电源后，首先观察触电者的情况，可分以下几种情况采取措施救治。

（1）触电者神志清醒，但有些心慌、四肢发麻、全身无力、呕吐等，应使触电者安静休息，不要走动。施救者对其进行严密观察，必要时送医院诊治。

（2）触电者已经失去知觉，但还有心跳、呼吸，应使触电者在空气流通的地方仰卧，解开妨碍呼吸的衣扣、腰带等。如果天气寒冷要注意保持体温，并迅速请医生到现场诊治。

（3）如果触电者失去知觉，呼吸停止，但心脏还在跳动，应立即进行口对口人工呼吸。如果触电者呼吸和心脏跳动完全停止，应立即进行口对口人工呼吸和胸外心脏按压急救。同时应迅速请医生到现场进行急救。

3. 口对口人工呼吸法

口对口人工呼吸法如图 3-5 所示。

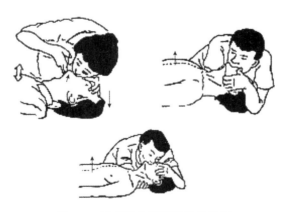

图 3-5　口对口人工呼吸法示意图

（1）将触电者仰卧，解开衣领，松开上衣和裤带，清理其口腔，包括痰液、呕吐物及脱落的假牙等异物，使呼吸道畅通。

（2）施救者站在触电者右侧，将其颈部伸直，并使头部后仰。这样触电者的气管能充分伸直，有利于人工呼吸。

（3）施救者一只手捏住触电者鼻孔防止漏气，另一只手轻压触电者者下颌打开口腔。

（4）施救者先深吸一口气，用口唇把触电者的口唇包住并向嘴里吹气，时间大约 2 s。吹气要均匀，要长一点儿（像平时长出一口气一样），但不要用力过猛。吹气的同时用眼角观察

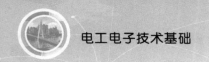

触电者的胸部，如看到其胸部膨起，表明吹气力度合适，否则说明吹气力度不够。

（5）吹气停止后，立即脱离触电者的口，同时松开鼻孔，使其自行呼气，时间大约 3 s。反复进行（4）、（5）两个步骤，每分钟吹气 10～12 次。

如果触电者为婴幼儿或儿童，吹气力度应减小。只要患者未恢复呼吸，就要持续进行人工呼吸，不要中断，直到救护车到达，交给专业救护人员继续抢救。

4. 胸外心脏按压法

胸外心脏按压法如图 3-6 所示。

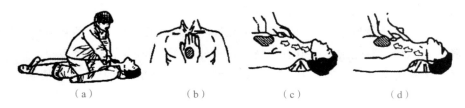

（a）   （b）   （c）   （d）

图 3-6　胸外心脏按压法示意图

（1）将触电者仰卧在地面或硬板上，解开衣领，头后仰使气道开放。施救者跪（或站）在其左侧，按压部位为胸骨中段 1/3 与下段 1/3 交界处，左手掌根部紧贴按压区，右手掌根重叠放在左手背上。

（2）施救者双臂应伸直，垂直向下用力按压。按压要平稳，有规则，不能间断，不能冲击猛压。成人按压深度胸骨下陷 3～4 cm，儿童 3 cm，婴儿 2 cm。成人按压次数每分钟 80～100 次；儿童每分钟 100 次；婴儿每分钟 120 次。

（3）按压后，施救者掌根迅速放松，让触电者依靠胸廓弹性自然复位，使其心脏舒张，从而让大静脉内血液流入心脏。注意施救者掌根放松时不必离开触电者。

心脏按压用的力不能过猛，以防肋骨骨折或其他内脏损伤。若发现病人脸色转红润，呼吸心跳恢复，能摸到脉搏跳动，瞳孔回缩正常，抢救就算成功。因此，抢救中应密切注意观察呼吸、脉搏和瞳孔等情况。

如果触电者呼吸、心跳都停止，呈现"假死"状态，应同时进行口对口人工呼吸和胸外按压。如果只有一人施救时，可先口对口吹气 2 次，然后立即进行心脏按压 15 次，再吹气 2 次，又再按压 15 次；如果有两人施救，则一人先吹气 1 次，另一人按压心脏 5 次，接着吹气 1 次，再按压 5 次，这样反复进行，直至有医务人员赶到现场。

3.3　电气防火防爆和防雷

3.3.1　电气火灾防范及扑救

随着社会发展，人们对电力使用需求不断增长，而电气导致的火灾也不断增加。据统计，近年来我国火灾事故中，电气火灾造成的损失居所有火灾的首位，给国家和人民带来极大的损失。

1．电气火灾原因及防范

电气火灾是指电气设备或电力线路在带电运行状态下，由于出现非正常的运行工况原因，导致电能转化为热能并引燃可燃物而导致的火灾。电气火灾也包括静电和雷电引起的火灾。大多数电气火灾是电气设备或电力线路在长期运行中已经存在隐患，而这些隐患并没有被发现，结果造成的局部过热或电弧、火花放电，进而使周围可燃物被点燃酿成火灾。引起电气火灾的原因主要有以下几方面。

（1）电气短路。在设备或电力线路中，如果工作电流没有沿着设计的负载、路径，而是使应绝缘的电气部分发生导通，这种情况就是短路。例如，电力线路不同相的导线导体直接接触，相线与零线或大地相碰等。当发生电气短路时，通过导线的电流急剧增大而导致过热，使导线、设备的绝缘材料受热燃烧或导致导线导体金属熔化，最终导致导线或设备附近的可燃物质燃烧，酿成火灾。短路是电气设备或线路最严重的一种故障状态，应设法预防短路的发生。实际应用中，常常采用以下措施预防发生电力短路。

① 电气设备的选用和安装与使用环境应符合规范，防止绝缘体在高温、潮湿、酸碱环境条件下受到破坏。

② 电气设备应设定合理寿命，防止超寿命使用而导致绝缘老化。

③ 按规定对电气设备和线路进行巡查维护，及时发现设备隐患，杜绝带病运行。

④ 安装合适的保护装置，如安装熔断器、断路器等，避免因过电压、过电流使绝缘击穿。

⑤ 按规程使用电气设备，杜绝因误操作导致短路。

（2）电气过载。如果电气设备或线路中通过的电流超过了承受能力，会导致设备或线路引起异常发热，这种情况被称为电气过载或过负荷。电气过载导致的异常发热最终可能导致火灾。为了防止电气过载，可以采取以下措施。

① 在进行设计和安装时，应根据用电设备的容量及运行方式，对设备和导线正确选型，使电气设备额定容量、导线载流量与实际负载容量相适应。

② 在用电场所严禁乱拉电线和超出导线载流量接入用电设备。

（3）连接不良。电气设备中的连接点都有接触电阻，如果连接时按规范要求进行连接，那么接触电阻几乎可以忽略不计。但是如果连接不良，那么接触电阻会异常增大。在运行时很容易导致局部过热，引起火灾。为了防止连接不良，可采取以下措施。

① 安装时清洁连接点，保证良好接触。

② 为确保不同材质导体的连接点接触良好，应采用合适连接材料和工艺，防止产生不良物理化学反应。如螺栓或螺母应拧紧、铜铝连接应采用合适工艺和附件等。

③ 设计时应尽量简化电路，减少电路中不必要的连接点。

④ 对于施工电源等临时用电设施，应采取防尘等措施，防止插座因粉尘等原因导致接触不良。

⑤ 定期检验电气设备接地装置接地电阻，防止发生接地故障。

（4）雷电。雷电与地面建筑物或构筑物接近到一定距离时，其高电位击穿空气放电，产生闪电现象。雷电电位可达 100 000 kV，电流可达 50 kA，虽然放电时间短，但容易引起火

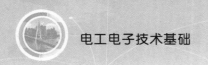

灾。防止雷电引起火灾的措施是安装防雷设施。

（5）静电。水泥、化工、粮食加工等企业的某些场所或部位会产生静电电荷积聚，当静电电荷过多积聚时就可能形成很高电位。这种高电位在一定条件下可产生对金属物体等放电，放电时会产生火花导致周围可燃物燃烧，引起火灾。为了防止静电引起火灾，可采用以下措施。

① 保持工作场所通风，防止粉尘等积聚。

② 电气设备及导线等材料应采用具有防爆性能的产品。

③ 在工艺方面，应采用合适工艺，尽量降低生产过程中产生静电。

2. 电气火灾扑救方法

发生电气火灾时应立即报警，同时采取必要措施进行扑救。在进行扑救前，必须确保切断电源后再实施灭火，防止在灭火过程中发生触电造成伤亡事故。扑救电气火灾的方法主要有以下几个。

（1）切断电源。如果电气火灾只是由于个别电气设备短路而引致的，可直接断开该设备电源开关，切断电源。如果是大范围或者是整个区域的电气火灾，那么必须切断该区域的总电源。如果离总电源开关太远，没法及时切断总电源，那么可以把远离燃烧点的切断导线时严禁用手或金属工具直接剪切，应站在干燥的木凳上用带有绝□工具剪断导线。只有在切断电源后，才可以使用常规方法灭火。在断开电□止因带负荷拉隔离开关造成弧光短路而使事故扩大，操作时必须注意安全□套和绝缘靴等安全用具防止触电。

（2）使用安全合适的灭火器具。运行中的电气设备发生火灾时，如果为□进行灭火，那么只可以使用二氧化碳、四氯化碳、1211灭火机或干粉灭火□灾。使用时，灭火人员必须保持足够的安全距离，防止触电。特别注意的是□灭火药液有导电性，容易导致灭火人员触电。

（3）严禁直接用水对设备进行灭火。运行中的电气设备发生火灾时严禁直接用水灭火。水进入设备后将降低设备绝缘性能，会导致灭火人员触电，甚至引起设备爆炸。如果变压器、充油断路器等充油电气设备发生火灾时，只有在确保断电情况下才能使用水进行灭火。灭火时可把水喷成雾状，扩大水雾面积，使水吸热汽化，达到快速降低火焰温度的效果。

3.3.2 电气防爆措施

当工作场所存在可燃气体或粉尘等爆炸性物质、空气和引燃源三个条件时，而且爆炸性物质与空气混合浓度在爆炸极限范围内时，将会发生爆炸。因此，为防止爆炸事故的发生，应设法避免上述三条件同时存在。

对于具有或可能具有爆炸性混合物出现，且达到足以要求对电气设备和线路的结构、安装、使用采取防爆措施的环境，称为爆炸性危险环境。其中含有爆炸性气体混合物的环境称为爆炸性气体环境，而含有爆炸性粉尘混合物的环境称为爆炸性粉尘环境。

根据爆炸危险物质的物理化学性质，爆炸类物质被分为三类：Ⅰ类为矿井甲烷及其混合物；Ⅱ类为爆炸性气体、蒸汽、薄雾等；Ⅲ类为爆炸性粉尘、纤维等。

按发生火灾爆炸危险程度及危险物品状态，将火灾爆炸危险区域划分为三类八区。

第一类是指气体、蒸汽爆炸危险环境，这是根据爆炸性混合物出现的频繁程度和持续时间划分。其中 0 区指正常运行时连续出现或长时间出现爆炸性气体混合物的环境；1 区是指在正常情况下可能出现爆炸性气体混合物的环境；2 区是指在正常情况下不可能出现而在不正常情况下偶尔出现爆炸性气体混合物的环境。

第二类是指粉尘、纤维爆炸危险环境。其中 10 区是指正常运行连续或长时间、短时间连续出现爆炸性粉尘、纤维的环境；11 区是指正常运行时不出现，仅在不正常运行时偶尔出现爆炸性粉尘。

第三类是指火灾危险环境。其中 21 区是指闪点高于环境温度的可燃液体，并在数量上和配置上能引起火灾危险的环境；22 区是指具有悬浮、堆积状的可燃粉尘或可燃纤维，虽不能形成爆炸混合物，但在数量和配置上能引起火灾的环境；23 区是指存在固体可燃物质，并在数量和配置上能引起火灾的环境。

1. 选用防爆型电气设备和材料

电气防爆措施的最基本出发点是把所有可能产生引燃源（危险温度和电火花、电弧）的电气设备安装在非爆炸、火灾危险区域。如果有些工业场所无法满足上述要求的话，需要选用具有特定防爆技术措施的电气装置来防止电气引燃源的形成。

表 3-2 为常用防爆电气设备及标志代号。

表 3-2　常用防爆电气设备及标志代号

类　型	字　母	应　用
增安型	e	主要用于 2 区场所，部分种类可以用于 1 区（如具有合适保护装置的增安型低压异步电动机、接线盒等）
隔爆型	d	按其允许使用爆炸性气体环境的种类分为Ⅰ类和ⅡA、ⅡB、ⅡC类，适用于 1、2 区场所
正压型	p	用于 1、2 区场所
油浸型	o	用于 1、2 区场所
充砂型	q	用于 1、2 区场所
本质安全型	i	只能用于弱电设备，0 区、1 区、2 区（Exia）或 1 区、2 区（Exib）
无火花型	n	只能用于 2 区场所
浇封型	m	用于 1 区、2 区场所
气密型	h	只能用于 2 区场所
特殊性	s	不属于上述范围的防爆型设备

2. 保持安全间距和通风

爆炸性危险环境内的电气线路布置位置、敷设方式、导线材质、接线方式等均应与区域危险等级相适应。必须按规范选择合理的安装位置，保持安全间距。电气线路应敷设在爆炸危险性较小或释放源较远的位置，10 kV 及以下架空线路不得跨越爆炸危险环境。

对于爆炸危险场所，应装设合适的通风装置并确保运行良好，降低产生爆炸性混合物浓度。

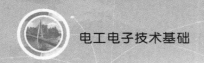

3. 选用保护装置

爆炸危险场所必须按规定接地或接零，还应选用可靠的过载、短路保护装置。

4. 按规程进行运维

按规程对电气设备及线路进行运行维护保养，保持电气设备和线路正常运行。在运行中，应确保设备电压、电流、温升等参数在允许值范围内，保证设备和线路的绝缘能力。通过巡查，确保设备、线路电气连接良好无故障。

3.3.3 防雷装置

雷电是一种自然灾害，雷电的电压很高，会造成电气设备、建筑物的损坏，引发停电、火灾，甚至造成人员伤亡。因此有必要对电气设备或建筑物安装防雷装置。

从原理上说，避雷器是一种放电器，并联在被保护设备或建筑物。当雷电造成的过电压波沿线路入侵并超过避雷器的放电电压时，避雷器会被击穿放电，把入侵电压波引入大地，从而保护设备免遭击穿破坏。避雷器一般应满足以下要求：当入侵波消失后，应能自行恢复绝缘，具有一定通流容量和平直的伏秒特性曲线。图3-7为避雷器防雷原理图。

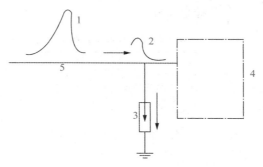

1—雷电冲击波；2—被限制的过电压；3—避雷器；

4—被保护电气设备；5—线路。

图3-7 避雷器防雷原理图

1. 防雷保护装置组成

防雷保护装置由接闪器、引下线和接地装置组成。它的作用使把雷电引入大地，保护设备或建筑物。防雷装置各部分的作用如下。

接闪器：有避雷针、避雷线、避雷带、避雷网等形式。避雷针主要应用于保护露天电气设备和建筑物；避雷线用于保护输电线路；避雷带和避雷网通常用于保护建筑物。

引下线：作用是把接闪器和接地装置连接起来，一般采用导电性良好导体。

接地装置：接地装置（接地体）作用是把雷电引入大地，要求与大地良好连接。

2. 避雷器种类及应用场合

避雷器主要有四种类型，即保护间隙避雷器、阀型避雷器、氧化锌避雷器和管型避雷器。

（1）保护间隙避雷器。保护间隙是一种最简单的避雷器，按其形状可分为棒形、角形、环形、球形等，由主间隙和辅助间隙串联而成的。其优点就是结构简单、造价低。其缺点是伏秒特性曲线比较陡，灭弧能力较差，往往与自动重合闸装置配合使用。保护间隙避雷器主要用于 10 kV 以下的配电线路中。

图 3-8 为羊角保护间隙避雷器示意图。

（2）阀型避雷器。阀型避雷器是一种没有间隙的避雷器，由火花间隙和非线性电阻这两种基本元件组成，间隙与非线性电阻相串联。

阀型避雷器主要分为普通阀型避雷器和磁吹阀型避雷器两大类。普通阀型避雷器有 FS 和 FZ 两种系列；磁吹阀型避雷器有 FCD 和 FCZ 两种系列。图 3-9 为阀型避雷器示意图。

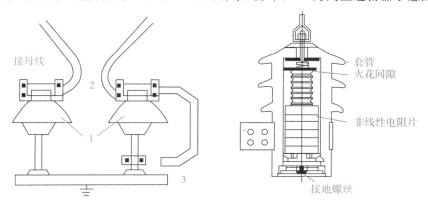

1—绝缘子；2—主间隙；3—辅助间隙。

图 3-8　羊角保护间隙避雷器示意图　　　　图 3-9　阀型避雷器示意图

（3）氧化锌避雷器。氧化锌避雷器也称金属氧化物避雷器，阀片以氧化锌为主要原料，辅以少量能产生非线性特性的金属氧化物，经混料、选粒、成型，在高温下烧结而成。这种避雷器结构简单，仅由相应数量的氧化锌阀片密封在瓷套内组成。图 3-10 为氧化锌避雷器示意图。

（4）管型避雷器。管型避雷器采用了强制熄弧的装置，比保护间隙熄弧能力强。但它具有外间隙，易受环境影响，伏秒特性曲线较陡、放电分散性大，动作后也会产生截波，不利于变压器等有线圈设备的绝缘缺点。管型避雷器一般用于输电线路个别地段的保护，如大跨距和交叉挡距处，或变电所的进线段保护。图 3-11 为管型型避雷器示意图。

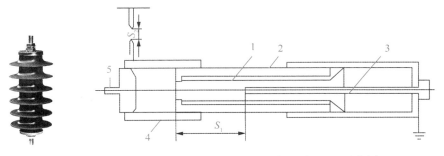

1—产气管；2—胶木管；3—棒形电极；4—环形电极；

5—动作指示器；S_1—内间隙；S_2—外间隙。

图 3-10　氧化锌避雷器示意图　　　　图 3-11　管型避雷器示意图

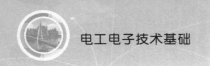
3.4 漏电保护器、保护接地和接零

3.4.1 漏电保护器

漏电保护器（漏电保护开关）是一种电气安全装置，当电路中发生漏电或触电且达到保护器所限定的动作电流值时，迅速在限定的时间内动作，自动断开电路，从而保障人员和设备安全。漏电保护开关还具有过载和短路保护功能，可进行线路或电动机的过载和短路保护。

按工作原理来划分，漏电保护开关可分为电压型和电流型两种。

电压型漏电保护器接于变压器中性点和大地间，检测信号为漏电保护器的对地电压，当测量值大于设定值时，漏电保护器动作切断电源。这种漏电保护器的缺点是对整个配变低压网进行保护，不能分级保护，因此动作频繁且停电范围大，目前较少使用。

电流型漏电保护器通过零序电流互感器测量被保护电路的不平衡电流。这种漏电保护器测量的漏电电流为电力线路中的不平衡电流，即剩余电流，因此电流型漏电保护器也被为剩余电流动作保护器。电流型漏电保护器具有很好的性能，在电网中得到了推广应用。

下面以电流型漏电保护器（开关）为例介绍漏电保护器的原理及应用。

1. 漏电保护开关原理

电流型漏电保护开关的实物和原理图如图 3-12 所示。

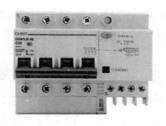

（a）三相四线电流型漏电保护开关实物　　　　（b）漏电保护开关的原理

1—变压器和电力线路；2—漏电保护开关的主开关；3—实验按钮；
4—零序电流互感器；5—压敏电阻；6—放大器；7—晶闸管；8—脱扣器。

图 3-12　电流型漏电保护开关的实物和原理图

电流型漏电保护开关的零序电流互感器由两个互相绝缘绕在同一铁芯上的线圈组成。电流型漏电保护开关安装在线路中，零序电流互感器的一次侧线圈与电力线路相连接，二次侧线圈与脱扣器连接。没有发生漏电故障时，流经零序电流互感器的相线和零线的电流平衡，不会出现剩余电流，二次线圈中电流为零，这时漏电保护开关处于闭合状态。

当被保护的设备发生漏电故障，如人体接触线路漏电，在故障点产生漏电电流分流并经人体返回大地，这时零序电流互感器中流入、流出的电流不平衡；一次侧产生剩余电流，二次侧线圈也将产生电流，当该电流值达到漏电保护开关触发动作电流时，主开关脱扣，切断电路，设备断电。

2. 漏电保护开关组成

电流型漏电保护器由检测元件、中间放大环节、操作执行机构三部分组成。检测元件为零序互感器组成，作用是检测漏电电流并发出信号。中间放大环节的作用是把微弱的漏电信号放大。操作执行机构的作用是收到放大环节的信号后，主开关从闭合位置转换到断开位置，切断电源。

漏电保护开关的试验电路由按钮开关和电阻组成，如图 3-12 中位置 3 所示，作用是试验漏电保护开关是否失效。按规定每月应进行一次试验。

3. 漏电保护开关的参数

（1）额定漏电动作电流。额定漏电动作电流是指在规定的条件下，漏电保护开关动作的电流值。例如广泛应用的额定动作电流为 30 mA 漏电保护开关，当剩余电流值达到 30 mA时，漏电保护开关动作，断开电源。

（2）额定漏电动作时间。额定漏电动作时间是指从施加额定漏电动作电流到保护电路被切断为止所经历的时间。例如，30 mA×0.1 s 的漏电保护开关，从剩余电流达到 30 mA 起到主开关触点断开为止所经历的时间不超过 0.1 s。

（3）额定漏电不动作电流。额定漏电不动作电流是指在规定的条件下，漏电保护开关不动作的电流值，该电流值通常为漏电动作电流值的二分之一。例如漏电动作电流 30 mA 的漏电保护开关，在剩余电流值达到 15 mA 时，保护器不应动作。否则漏电保护开关容易误动作，影响设备和线路正常运行。

（4）其他参数。电源频率、额定电压、额定电流等。

4. 漏电保护开关的选用

漏电保护开关的选用应根据供电方式、使用场所、被控制回路的泄漏电流和用电设备的接触电阻等因素来考虑。

根据设备供电方式选择漏电保护器，单相 220 V 设备可选用二极二线式或单极二线式，三相三线制 380 V 设备可选用三极式，三相四线制 380 V 设备或单相与三相设备共用线路可选用三极四线、四极四线式。

根据漏电动作电流灵敏度选择漏电保护开关，漏电动作电流在 30 mA 以下为高灵敏度，漏电动作电流在 30～1 000 mA 为中灵敏度，漏电动作电流在 1 000 mA 以上为低灵敏度。

根据动作时间选择漏电保护开关，漏电动作时间小于 0.1 s 为快速型，漏电动作时间在0.1～2 s 的为延时型。

安装在潮湿场所的设备应选用额定漏电动作电流为 15～30 mA 的快速动作型漏电保护开关。对于在金属物体上使用手电钻、操作其他手持式电动工具或使用行灯，应选用额定漏电动作电流为 10 mA 的快速成动作型漏电保护开关。

3.4.2　保护接地和保护接零

1. 保护接地和保护接零的作用

在配电系统中，为保护操作者人身安全，通常把电气设备不带电的金属外壳进行接地或接零，这种措施称为保护接地或保护接零。

保护接地，将电气设备在正常情况下不带电的金属部分与接地体以良好导电性导体进行连接，从而保护操作者安全。通常做法是把电气设备的金属外壳用足够粗的金属导线与大地可靠地连接起来。保护接地应用于中性点不接地的配电系统中。

如果电气设备因绝缘损坏导致外壳带电时，因接地体与操作者并联，短路电流将同时沿着接地体和人体两条通路流过。接地体电阻越小，流经操作者人体的电流也就越小。按照规程，人体电阻远大于接地体电阻（一般不允许大于 $1\ \Omega$），因此流经人体的电流很小，几乎等于零，从而使操作者能避免触电的危险。保护接地原理如图 3-13 所示。

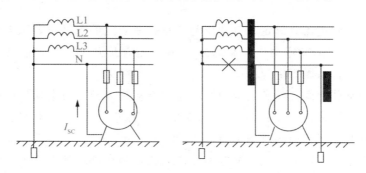

图 3-13　保护接地原理

保护接零，将电气设备外壳接到零线上，当设备某相绝缘损坏时，电流通过设备外壳形成该相对零线的单相短路回路（即碰壳短路）。短路电流立即将该相的熔体熔断或使其他保护元件动作而切断电源，从而消除触电危险。在电源的中性点接地的配电系统中，只能采用保护接零，如果采用保护接地则不能有效地防止人身触电事故。保护接零原理如图 3-14 所示。

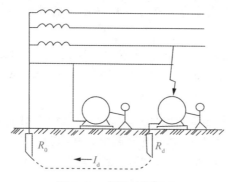

图 3-14　保护接零原理

2. 保护接地与保护接零区别

（1）保护原理不同

保护接地限制设备漏电后的对地电压不超过安全范围。在高压系统中，保护接地除限制对地电压外，在某些情况下，还有促使电网保护装置动作的作用。

保护接零借助接零线路使设备漏电形成单相短路，促使线路上的保护装置动作来切断故障设备电源。

（2）适用范围不同

保护接地应用在不接地的高低压电网和采取了其他安全措施（如装设漏电保护器）的低

压电网，而保护接零只适用于中性点直接接地的低压电网。

（3）线路结构不同

如果采取保护接地方式，系统中可以不设工作零线，只设保护接地线。

如果采取了保护接零方式，则必须设工作零线，利用工作零线作接零保护。在采用保护接零的系统中，还要在电源中性点进行工作接地和在零线的一定间隔距离及终端进行重复接地。必须注意的是，保护接零线不允许断开，不允许接开关、熔断器。

此外，不能同时使用保护接地和保护接零。

3.4.3　漏电保护器与保护接地、接零关系

漏电保护器与保护接地、接零的保护原理不同。保护接零（地）属于事前预防型措施，即保护接零（地）能将设备漏电现象消灭在萌芽状态，以免人体接触到漏电的设备外壳造成人体触电。

漏电保护器只有人体触电后、并且触电电流达到一定数值时漏电保护器才可能发挥作用，但反应迅速。

同时采用漏电保护器和保护接零（地）能大大提高安全系数，不得用漏电保护器代替保护接零（地）。按照相关规程，安装漏电保护器后，不能撤掉低压供电线路和电气设备的接零（地）保护措施。

本章小结

本章主要介绍了安全用电与低压配电的相关知识，帮助读者了解安全电压与安全电流，并掌握电气火灾防范及扑救的基本内容。希望通过本章的学习，读者能够加深对安全用电的认知，在以后的日常生活中时刻做好安全用电。

习题 3

一、选择题

1. 在通常情况下，对人体而言，（　　　）电流不会造成很大伤害。

A. 小于 10 mA　　　　B. 50 mA　　　　C. 100 mA　　　　D. 200 mA

2. 事实证明，强度为 50 mA 的工频电流通过人体心脏可能造成死亡，人体电阻大约为 1 000 Ω，因此设备上照明灯的安全电压值可选取（　　　）。

A. 36 V　　　　B. 60 V　　　　C. 110 V　　　　D. 220 V

3. 为防止触电事故，在三相三线制低压供电系统中，对电气设备应采取保护（　　　）。

A. 接地　　　　B. 接零　　　　C. 接地线　　　　D. 加装避雷器

4. 为防止触电事故，保护接零线常用在（　　　）低压供电系统中。

A. 单相　　　　　　　　　　　　　　B. 三相三线制

C. 三相四线制　　　　　　　　　　　D. 三相三线制或三相四线制均可

5. 电流流经人体时，（　　　）是最危险的电流途径。

A. 从手到手　　　　　　　　　　　　B. 从手到脚

C. 从脚到脚　　　　　　　　　　　　D. 从左手到胸部

6. 发生触电时，电流造成人体外表面创伤的触电为（　　　）。

A. 烧伤　　　　　　　B. 刮伤　　　　　　　C. 电伤　　　　　　　D. 电击

7. 最为危险的触电形式是（　　　）。

A. 单相触电　　　　　　　　　　　　B. 两相触电

C. 跨步电压触电　　　　　　　　　　D. 接触电压触电

8. 发生电气火灾后，不能可以使用（　　　）进行灭火。

A. 干砂　　　　　　　B. 二氧化碳　　　　　C. 水　　　　　　　　D. 干粉灭火器

二、填空题

1. 人体因触电受到的伤害程度通常与电流的_____、电流的_____、_____及触电_____等因素有关。

2. 电流通过人体时所造成的内伤是_____，电流对人体外部造成局部损伤是_____。

3. 触电的形式通常有_____触电、_____触电和_____触电三种。

4. 为了防止直接电击，可以采用的防护措施有_____、_____、_____和_____。

5. 当人站在地面或其他接地导体上，人体某部分接触到三相导线中的一相而引起的触电事故是_____触电。

6. 设备外壳因故障带电，如果采取_____措施，即使人接触设备外壳，人体与接地电阻_____联，人体的电阻比接地电阻大很多，避免触电。

7. 电流型漏电保护开关的原理是当被保护的设备发生漏电故障，_____中流入、流出的电流不平衡，一次侧产生_____导致漏电保护开关_____，主开关脱扣，_____电路。

三、简答题

1. 简述电力系统组成。

2. 简述触电种类和形式，说明怎样预防触电。

3. 为什么施工现场或鱼塘等农业生产现场比较容易发生触电事故？

4. 简述对触电者进行施救原则及怎样进行施救。

5. 简述电气火灾的原因和怎样开展灭火。

6. 简述怎样选择电气防爆设备和材料。

7. 简述电气防雷装置原理及怎样选用防雷装置。

8. 简述电流型漏电保护开关的原理和怎样选用漏电保护开关。

9. 简述漏电保护开关与保护接地（零）的作用。

第4章 常用半导体器件

本章导读

　　现代电子设备中的电子线路，按其所处理的信号形式加以划分，主要分为模拟电路和数字电路。模拟电路处理模拟信号，数字电路处理数字信号。

　　模拟信号是指在时间上和幅度上都是连续变化的信号，一般是模拟真实世界物理量的电压或电流。学习模拟信号电路和数字信号电路的基础是半导体器件理论。

　　半导体器件是电子电路中使用最为广泛的器件，也是构成集成电路的基本单元。只有掌握半导体器件的结构性能、工作原理和特点，才能正确分析电子电路的工作原理，正确选择和合理使用半导体器件。本章主要介绍二极管、三极管和场效应管的结构、性能、主要参数以及各器件的选用原则。

学习目标

➤ 理解本征半导体的含义。

➤ 理解二极管的主要参数。

➤ 掌握三极管的结构和分类。

思政目标

➤ 培养学生透过现象看本质，提出解决问题的方法。

➤ 培养学生与时俱进、爱岗敬业、奉献社会的道德风尚。

4.1　半导体的基础知识

　　导电性能介于导体与绝缘体之间的物质称为半导体。常用的半导体材料有硅（Si）、锗（Ge）、硒（Se）和砷化镓（GaAs）及其他金属氧化物和硫化物等，半导体一般呈晶体结构。

4.1.1　本征半导体

　　纯净的不含任何杂质、晶体结构排列整齐的半导体称为本征半导体。本征半导体的最外层电子（称为价电子）除受到原子核吸引外还受到共价键束缚，因而它的导电能力差。半导体的导电能力随外界条件改变而改变。它具有热敏特性和光敏特性，即温度升高或受到光照后半导体材料的导电能力会增强。这是由于价电子从外界获得能量，挣脱共价键的束缚而成为自由电子。这时，在共价键结构中留下相同数量的空位，每次原子失去价电子后，变成正电荷的离子，从等效观点看，每个空位相当于带一个基本电荷量的正电荷，成为空穴。在半导体中，空穴也参与导电，其导电实质是在电场作用下，相邻共价键中的价电子填补了空穴而产生新的空穴，而新的空穴又被其相邻的价电子填补，这个过程持续下去，就相当于带正电荷的空穴在移动。共价键结构与空穴产生示意图如图 4-1 所示。

图 4-1　共价键结构与空穴产生示意图

4.1.2　N 型和 P 型半导体

本征半导体的导电能力差，但是在本征半导体中掺入某种微量元素（杂质）后，它的导电能力可增加几十万甚至几百万倍。

1. N 型半导体

用特殊工艺在本征半导体掺入微量五价元素，如磷或砷。这种元素在和半导体原子组成共价键时，就多出一个电子。这个多出来的电子不受共价键的束缚，很容易成为自由电子而导电。这种掺入五价元素，电子为多数载流子，空穴为少数载流子的半导体叫作电子型半导体，简称 N 型半导体。如图 4-2（a）所示。

2. P 型半导体

在半导体硅或锗中掺入少量三价元素，如硼元素，和外层电子数是四个的硅或锗原子组成共价键时，就自然形成一个空穴，这就使半导体中的空穴载流子增多，导电能力增强。这种掺入三价元素，空穴为多数载流子，而自由电子为少数载流子的半导体叫作空穴型半导体，简称 P 型半导体。如图 4-2（b）所示。

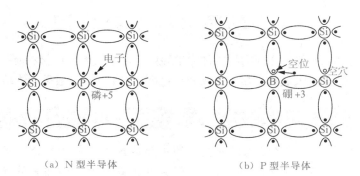

（a）N 型半导体　　　　　　　　　　（b）P 型半导体

图 4-2　掺杂半导体共价键结构示意图

4.1.3 　PN 结

P 型或 N 型半导体的导电能力虽然大大增强，但并不能直接用来制造半导体器件。通常是在一块纯净的半导体晶片上，采取一定的工艺措施，在两边掺入不同的杂质，分别形成 P 型半导体和 N 型半导体，它们的交界面就形成了 PN 结。PN 结是构成各种半导体器件的基础。

1. PN 结的形成

在一块纯净的半导体晶体上，采用特殊掺杂工艺，在两侧分别掺入三价元素和五价元素。一侧形成 P 型半导体，另一侧形成 N 型半导体如图 4-3 所示。

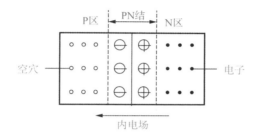

图 4-3　PN 结的形成

P 区的空穴浓度大，会向 N 区扩散，N 区的电子浓度大则向 P 区扩散。这种在浓度差作用下多数载流子的运动称为扩散运动。空穴带正电，电子带负电，这两种载流子在扩散到对方区域后复合而消失，但在 P 型半导体和 N 型半导体交界面的两侧分别留下了不能移动的正负离子，呈现出一个空间电荷区，这个空间电荷区就称为 PN 结。PN 结的形成会产生一个由 N 区指向 P 区的内电场，内电场的产生对 P 区和 N 区间多数载流子的相互扩散运动起阻碍作用。同时，在内电场的作用下，P 区中的少数载流子电子、N 区中的少数载流子空穴会越过交界面向对方区域运动。这种在内电场作用下少数载流子的运动称漂移运动。漂移运动和扩散运动最终会达到动态平衡，PN 结的宽度保持一定。

2. PN 结的单向导电性

当 PN 结的两端加上正向电压，即 P 区接电源的正极，N 区接电源的负极，称为 PN 结正偏，如图 4-4（a）所示。外加电压在 PN 上所形成的外电场与 PN 结内电场的方向相反，削弱了内电场的作用，破坏了原有的动态平衡，使 PN 结变窄，加强了多数载流子的扩散运动，形成较大的正向电流，这时称 PN 结为正向导通状态。

如果给 PN 外加反向电压，即 P 区接电源的负极，N 区接电源的正极，称为 PN 结反偏，如图 4-4（b）所示。外加电压在 PN 结上所形成的外电场与 PN 结内电场的方向相同，增强了内电场的作用，破坏了原有的动态平衡，使 PN 结变厚，加强了少数载流子的漂移运动，由于少数载流子的数量很少，所以只有很小的反向电流，一般情况下可以忽略不计。这时称 PN 结为反向截止状态。

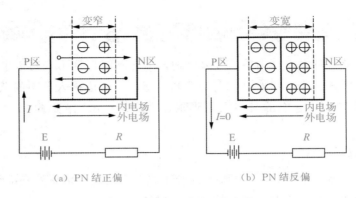

（a）PN 结正偏　　　　　　　　　　（b）PN 结反偏

图 4-4　PN 结的单向导电性

综上所述，PN 结正偏时导通，反偏时截止，因此它具有单向导电性，这也是 PN 结的重要特性。

4.2　半导体二极管

4.2.1　二极管的结构

在 PN 结的两端各引出一根电极引线，然后用外壳封装起来就构成了半导体二极管，简称二极管，如图 4-5（a）所示，其图形符号如图 4-5（b）所示。由 P 区引出的电极称正极（或阳极），由 N 区引出的电极称负极（或阴极），电路符号中的箭头方向表示正向电流的流通方向。

4.2.2　二极管的类型

二极管的种类很多，按制造材料分类，主要有硅二极管和锗二极管；按用途分类，主要有整流二极管、检波二极管、稳压二极管、开关二极管等；按接触的面积大小分类，可分为点接触型和面接触型两类。其中点接触型二极管是一根很细的金属触丝（如三价元素铝）和一块 N 型半导体（如锗）的表面接触；然后在正方向通过很大的瞬时电流，使触丝和半导体牢固接在一起，三价金属与锗结合构成 PN 结，如图 4-5（c）所示。由于点接触型二极管金属触丝很细，形成的 PN 结很小，所以它不能承受大的电流和高的反向电压。由于极间电容很小，所以这类二极管适用于高频电路。

面接触型或称面结型二极管的 PN 结是用合金法或扩散法做成的，其结构如图 4-5（d）所示。由于这种二极管的 PN 结面积大，可承受较大的电流。但极间电容较大，这类器件适用于低频电路，主要用于整流电路。

图 4-5（e）是硅工艺面型二极管结构图，它是集成电路中常见的一种形式。

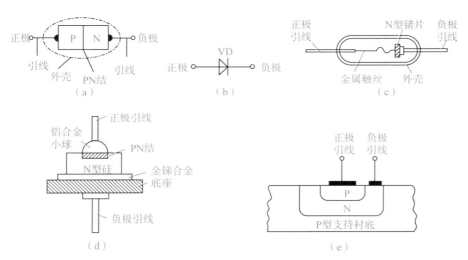

图 4-5　半导体二极管的结构和符号

4.2.3　二极管的伏安特性

二极管的伏安特性是指二极管两端的端电压（U）与流过二极管的电流（I）之间的关系。它可以通过实验数据来说明。表 4-1 和表 4-2 分别给出了二极管 2CP31 加正向电压和反向电压时，实验所得的该二极管两端电压 U 和流过电流 I 的一组数据。

表 4-1　二极管 2CP31 加正向电压的实验数据

电压/mV	0	100	500	550	600	650	700	750	800
电流/mA	0	0	0	10	60	85	100	180	300

表 4-2　二极管 2CP31 加反向电压的实验数据

电压/mV	0	−10	−20	−60	−90	−115	−120	−125	−135
电流/mA	0	−10	−10	−10	−10	−25	−40	−150	−300

将实验数据绘成曲线，可得到二极管的伏安特性曲线，如图 4-6 所示。

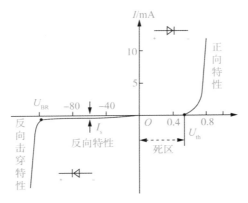

图 4-6　半导体二极管的伏安特性曲线

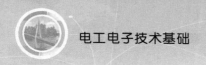

1. 正向特性

二极管外加正向电压时，电流和电压的关系称为二极管的正向特性。如图 4-6 所示，当二极管所加正向电压比较小时（$0<U<U_{th}$），其上流经的电流为 0，二极管仍截止，此区域称为死区，U_{th} 称为死区电压（门坎电压）。硅二极管的死区电压约为 0.5 V，锗二极管的死区电压约为 0.1 V。

当二极管所加正向电压大于死区电压时，正向电流增加，二极管导通，电流随电压的增大而上升，这时二极管呈现的电阻很小，认为二极管处于正向导通状态。

硅二极管的正向导通压降约为 0.7 V，锗二极管的正向导通压降约为 0.3 V。

2. 反向特性

二极管外加反向电压时，电流和电压的关系称为二极管的反向特性。由图 4-6 可见，二极管外加反向电压时，反向电流很小，而且在相当宽的反向电压范围内，反向电流几乎不变。因此，称此电流值为二极管的反向饱和电流。这时二极管呈现的电阻很大，认为二极管处于截止状态。一般硅二极管的反向电流比锗二极管小很多。

3. 反向击穿特性

从图 4-6 可见，当反向电压的值增大到 U_{BR} 时，反向电压值稍有增大，反向电流会急剧增大，称此现象为反向击穿，U_{BR} 为反向击穿电压。利用二极管的反向击穿特性，可以做成稳压二极管，但一般的二极管不允许在反向击穿区工作。

4.2.4 二极管的主要参数

电子元器件参数是国家标准或制造厂家对生产的元器件，应达到技术指标所提供的数据要求，也是合理选择和正确使用器件的依据。二极管的参数可从相关手册上查到，下面主要介绍二极管的几种常用参数。

1. 最大整流电流 I_{FM}

I_{FM} 是指二极管长期运行时允许通过的最大正向直流电流。I_{FM} 与 PN 结的材料、面积及散热条件有关。大功率二极管使用时，一般要加散热片。在实际使用时，流过二极管最大平均电流不能超过 I_{FM}，否则二极管会因过热而损坏。

2. 最高反向工作电压 U_{RM}（反向峰值电压）

U_{RM} 是指二极管在使用时允许外加的最大反向电压，其值通常取二极管反向击穿电压的一半左右。在实际使用时，二极管所承受的最大反向电压值不应超过 U_{RM}，以免二极管发生反向击穿。

3. 反向电流 I_R 与最大反向电流 I_{RM}

I_R 是指在室温下，二极管未击穿时的反向电流值。I_{RM} 是指二极管在常温下承受最高反向工作电压 U_{RM} 时的反向漏电流，一般很小，但其受温度影响很大。当温度升高时，I_{RM} 显著增大。

4. 最高工作频率 f_M

二极管的工作频率若超过一定值，就可能失去单向导电性，这一频率称为最高工作频率。

它主要由 PN 结的结电容的大小来决定。点接触型二极管结电容较小，f_M 可达几百兆赫兹。面接触型二极管结电容较大，f_M 只能达到几十兆赫兹。

必须注意的是，手册上给出的参数是在一定测试条件下测得的数值。如果条件发生变化，相应参数也会发生变化。因此，在选择使用二极管时应注意留有余量。

4.2.5 特殊二极管

1. 发光二极管

发光二极管（LED）是一种将电能转换成光能的特殊二极管，它的外形和符号如图 4-7 所示。在 LED 的管头上一般都加装了玻璃透镜。

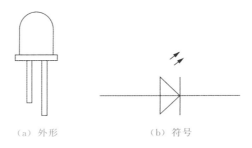

（a）外形　　　　　　（b）符号

图 4-7　发光二极管的外形和符号

通常制成 LED 的半导体中的掺杂浓度很高，当向二极管施加正向电压时，大量的电子和空穴在空间电荷区复合时释放出的能量大部分转换为光能，从而使 LED 发光。

LED 常用半导体砷、磷、镓及其化合物制成，它的发光颜色主要取决于所用的半导体材料，通电后不仅能发出红、绿、黄等可见光，也可以发出看不见的红外光。使用时必须正向偏置。它工作时只需 $1.5 \sim 3$ V 的正向电压和几毫安的电流就能正常发光，由于 LED 允许的工作电流小，使用时应串联限流电阻。

2. 光电二极管

光电二极管又称光敏二极管，是一种将光信号转换为电信号的特殊二极管（受光器件）。与普通二极管一样，其基本结构也是一个 PN 结，它的管壳上开有一个嵌着玻璃的窗口，以便光线的射入。光电二极管的外形及符号如图 4-8 所示。

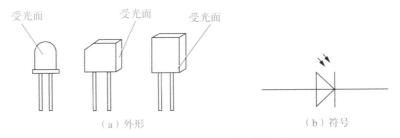

受光面　　　　受光面　　　　受光面

（a）外形　　　　　　　　　　　　（b）符号

图 4-8　光电二极管的外形及符号

光电二极管工作在反向偏置下，无光照时，流过光电二极管的电流（称暗电流）很小；受光照时，产生电子-空穴对（称光生载流子），在反向电压作用下，流过光电二极管的电流

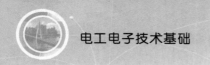

（称光电流）明显增强。利用光电二极管可以制成光电传感器，把光信号转变为电信号，从而实现控制或测量等。

如果把发光二极管和光电二极管组合并封装在一起，则构成二极管型光电耦合器件，光电耦合器可以实现输入和输出电路的电气隔离和实现信号的单方向传递。它常用在数/模电路或计算机控制系统中做接口电路。

3. 稳压二极管

稳压二极管是一种在规定反向电流范围内可以重复击穿的硅平面二极管。它的伏安特性曲线、图形符号及稳压管电路如图 4-9 所示。

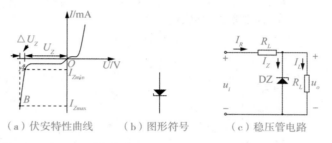

（a）伏安特性曲线　　（b）图形符号　　（c）稳压管电路

图 4-9　稳压二极管的伏安特性曲线、图形符号及稳压管电路

稳压二极管的正向伏安特性与普通二极管相同，反向伏安特性非常陡直。用电阻 R 将流过稳压二极管的反向击穿电流 I_Z 限制在 $I_{zmin} \sim I_{zmax}$ 之间时，稳压管两端的电压 U_Z 几乎不变。利用稳压管的这种特性，就能达到稳压的目的。图 4-9（c）是稳压管的稳压电路。稳压管 DZ 与负载 R_L 并联，属并联稳压电路。显然，负载两端的输出电压 U_o 等于稳压管稳定电压 U_Z。稳压管主要参数如下。

（1）稳定电压 U_Z。U_Z 是稳压管反向击穿稳定工作的电压。型号不同，U_Z 值就不同，根据需要查手册确定。

（2）稳定电流 I_Z。I_Z 是指稳压管工作的最小电流值。若电流小于 I_Z，则稳压性能差，甚至失去稳压作用。

（3）动态电阻 r_Z。r_Z 是稳压管在反向击穿工作区，电压的变化量与对应的电流变化量的比值，即

$$r_Z = \frac{\Delta U_Z}{\Delta I_Z} \tag{4-1}$$

r_Z 越小，稳压性能越好。

4.3　半导体三极管

三极管是电子电路中基本的电子器件之一，在模拟电子电路中主要作用是构成放大电路。

4.3.1　三极管的结构和分类

根据不同的掺杂方式，在同一个硅片上制造出三个掺杂区域，并形成两个 PN 结，三个

区引出三个电极，就构成三极管。采用平面工艺制成的 NPN 型硅材料三极管的结构示意图如图 4-10（a）所示。

位于中间的 P 区称为基区，它很薄且掺杂浓度很低，位于上层的 N 区是发射区，掺杂浓度最高；位于下层的 N 区是集电区，因而集电结面积很大。显然，集电区和发射区虽然属于同一类型的掺杂半导体，但不能调换使用。图 4-10（b）为 NPN 型管的结构示意图，基区与集电区相连接的 PN 结称集电结，基区与发射区相连接的 PN 结称发射结。由三个区引出的三个电极分别称集电极 c、基极 b 和发射极 e。

按三个区的组成形式，三极管可分为 NPN 型和 PNP 型，如图 4-10（c）所示。从符号上区分，NPN 型发射极箭头向外，PNP 型发射极箭头向里。发射极的箭头方向除了用来区分类型之上，更重要的是表示三极管工作时，发射极的箭头方向就是电流的流动方向。

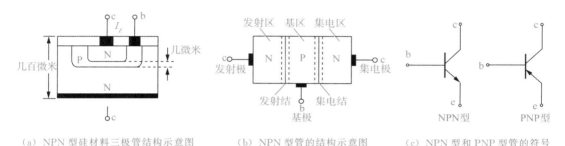

（a）NPN 型硅材料三极管结构示意图　　（b）NPN 型管的结构示意图　　（c）NPN 型和 PNP 型管的符号

图 4-10　NPN 型管的结构示意图

三极管按所用的半导体材料可分为硅管和锗管；按功率可分为大、中、小功率管；按频率可分为低频管和高频管等。常见三极管的类型如图 4-11 所示。

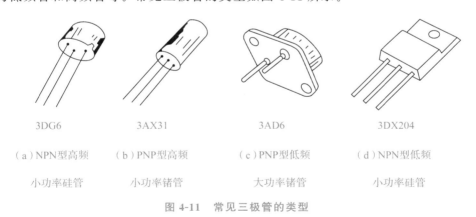

3DG6	3AX31	3AD6	3DX204
（a）NPN 型高频	（b）PNP 型高频	（c）PNP 型低频	（d）NPN 型低频
小功率硅管	小功率锗管	大功率锗管	小功率硅管

图 4-11　常见三极管的类型

4.3.2 三极管的电流放大作用及其放大的基本条件

三极管具有电流放大作用，下面从实验来分析它的放大原理。

1. 三极管各电极上的电流分配

用 N_{PN} 型三极管构成的电流分配实验电路如图 4-12 所示。电路中，用三只电流表分别测量三极管的集电极电流 I_C、基极电流 I_B 和发射极电流 I_E，它们的方向如图 4-12 中的箭头所示。基极电源 U_{BB} 通过基极电阻 R_b 和电位器 R_p 给发射结提供正偏压 U_{BE}；集电极电源 U_{CC}，通过电极表 Rc 给集电极与发射极之间提供电压 U_{CE}。

调节电位器 R_P，可以改变基极上的偏置电压 U_{BE} 和相应的基极电流 I_B。而 I_B 的变化又将引起 I_C 和 I_E 的变化。每产生一个 I_B 值，就有一组 I_C 和 I_E 值与之对应，该实验所得数据如表 4-3 所示。

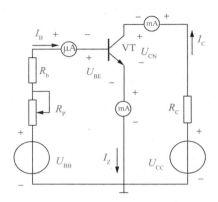

图 4-12   三极管电流分配实验电路

表 4-3   三极管三个电极上的电流分配

I_B/mA	0	0.01	0.02	0.03	0.04	0.05
I_C/mA	0.01	0.56	1.14	1.74	2.33	2.91
I_E/mA	0.01	0.57	1.16	1.77	2.37	2.96

表 4-3 所列的每一列数据，都具有如下关系：

$$I_E = I_B + I_C \tag{4-2}$$

式（4-2）表明，发射极电流等于基极电流与集电极电流之和。

2. 三极管的电流放大作用

从表 4-3 可以看到，当基极电流 I_B 从 0.02 mA 变化到 0.03 mA，即变化 0.01 mA 时，集电极电流 I_C 随之从 1.14 mA 变化到了 1.74 mA 即变化 0.6 mA，这两个变化量相比（1.74－1.14）/（0.03－0.02）＝60，说明此时三极管集电极电流 I_C 的变化量为基极电流 I_B 变化量的 60 倍。可见，基极电流 I_B 的微小变化，将使集电极电流 I_C 发生大的变化，即基极电流 I_B 的微小变化控制了集电极电流 I_C 较大变化，这就是三极管的电流放大作用。

值得注意的是，在三极管放大作用中，被放大的集电极电流 I_C 是电源 U_{CC} 提供的，并不是三极管自身生成的能量，它实际体现了用小信号控制大信号的一种能量控制作用。由此可见。三极管是一种电流控制器件。

3. 三极管放大的基本条件

要使三极管具有放大作用，必须要有合适的偏置条件，即：发射结正向偏置，集电结反向偏置。对于 NPN 型三极管，必须保证集电极电压高于基极电压，基极电压又高于发射极电压，即 $U_C > U_B > U_E$；而对于 PNP 型三极管，则与之相反，即 $U_C < U_B < U_E$。

4.3.3　三极管的伏安特性

三极管的各个电极上电压和电流之间的关系曲线称为三极管的伏安特性曲线或特性曲线。它是三极管的外部表现，是分析由三极管组成的放大电路和选择管子参数的重要依据。常用的是输入特性曲线和输出特性曲线。

三极管在电路中的连接方式（组态）不同，其特性曲线也不同。用 NPN 型管组成测试电路如图 4-13 所示。该电路信号由基极输入，集电极输出，发射极为输入、输出回路的公共端，故称为共发射极电路，简称共射电路。所测得特性曲线称为共射特性曲线。

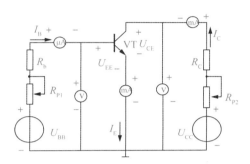

图 4-13　三极管共射特性曲线测试电路

1. 输入特性曲线

三极管的共射输入特性曲线表示当二极管的输出电压 U_{CE} 为常数时，输入电流 i_B 与输入电压 U_{BE} 之间的关系曲线，即

$$i_B = f(U_{BE}) \mid_{U_{CE}=常数} \tag{4-3}$$

测试时，先固定 U_{CE} 为某一数值，调节电路中的 R_{P1}，可得到与之对应的 i_B 和 U_{BE} 值，在以 U_{BE} 为横轴、i_B 为纵轴的直角坐标系中按所取数据描点，得到一条 i_B 与 U_{BE} 的关系曲线；再改变 U_{CE} 为另一固定值，又得到一条 i_B 与 U_{BE} 的关系曲线。如图 4-14 所示。

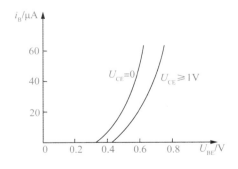

图 4-14　共射输入特性

（1）$U_{CE}=0$ 时，集电极与发射电极相连，三极管相当于两个二极管并联，加在发射结上的电压即为加在并联二极管上的电压，所以三极管的输入特性曲线与二极管伏安特性曲线的正向特性相似。U_{BE} 与 i_B 也为非线性关系，同样存在着死区；这个死区电压（或阈值电压 U_{th}）的大小与三极管材料有关，硅管约为 0.5 V，锗管约为 0.1 V。

（2）当 $U_{CE}=1\text{ V}$ 时，三极管的输入特性曲线向右移动了一段距离，这时由于 $U_{CE}=1\text{ V}$ 时，集电结加了反偏电压，管子处于放大状态，i_C 增大，对应于相同的 U_{BE}，基极电流 i_B 比原来 $U_{CE}=0$ 时减小，特性曲线也相应向右移动。

$U_{CE}>1$ 以后的输入特性曲线与 $U_{CE}=1\text{ V}$ 时的特性曲线非常接近，近乎重合。由于管子实际放大时，U_{CE} 总是大于 1 V 以上，通常就用 $U_{CE}=1\text{ V}$ 这条曲线来代表输入特性曲线。$U_{CE}>1\text{ V}$ 时，加在发射结上的正偏压 U_{BE} 基本上为定值，只能为零点几伏。其中硅管为 0.7 V 左右，锗管为 0.3 V 左右。这一数据是检查放大电路中三极管静态是否处于放大状态的依据之一。

【例 4-1】用直流电压表测量某放大电路中某个三极管各极对地的电位分别是：$U_1=2\text{ V}$，$U_2=6\text{ V}$，$U_3=2.7\text{ V}$，试判断三极管各对应电极与三极管管型。

【解】根据三极管能正常实现电流放大的电压关系是：NPN 型管 $U_C>U_B>U_E$，且硅管放大时 U_{BE} 约为 0.7 V，锗管 U_{BE} 约为 0.3 V，而 PNP 型管 $U_C<U_B<U_E$，且硅管放大时 U_{BE} 约为 -0.7 V，锗管 U_{BE} 约为 -0.3 V，所以先找电位差绝对值为 0.7 V 或 0.3 V 的两个电极，若 $U_B>U_E$ 则为 NPN 型，$U_B<U_E$ 则为 PNP 型三极管。本例中，U_3 比 U_1 高 0.7 V，所以此管为 NPN 型硅管，③脚是基极，①脚是发射极，②脚是集电极。

2. 输出特性曲线

三极管的共射输出特性曲线表示当管子的输入电流 i_B 为某一常数时，输出电流 i_C 与输出电压 u_{CE} 之间的关系曲线，即

$$i_c=f(u_{CE})\big|_{U_{i_B}=\text{常数}} \tag{4-4}$$

在测试电路中，先使基极电流 i_B 为某一值，再调节 R_{P2}，可得与这对应的 u_{CE} 和 i_C 值，将这些数据在以 u_{CE} 为横轴，i_C 为纵轴的直角坐标系中描点，得到一条 u_{CE} 与 i_C 的关系曲线；再改变 i_B 为另一固定值，又得到另一条曲线。若用一组不同数值的 i_B 或得到如图 4-15 所示的输出特性曲线。

由图 4-15 中可以看出，曲线起始部分较陡，且不同 i_B 曲线的上升部分几乎重合；随着 U_{CE} 的增大，i_C 跟着增大；当 U_{CE} 大于 1 V 左右以后，曲线比较平坦，只略有上翘。为说明三极管具有恒流特性，即 U_{CE} 变化时，i_C 基本上不变。输出特性不是直线，是非线性的，所以，三极管是一个非线性器件。

三极管输出特性曲线可以分为以下三个区。

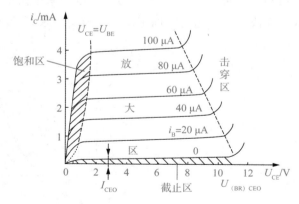

图 4-15 共射输出特性曲线

（1）放大区。放大区是指 $i_B>0$ 和 $U_{CE}>1\text{ V}$ 的区域，就是曲线的平坦部分。要使三极管静态时工作在放大区（处于放大状态），发射结必须正偏，集电结反偏。此时，三极管是电流受控源，i_B 控制 i_C：当 i_B 有一个微小变化，i_C 将发生较大变化，体现了三极管的电流放大作用，图 4-15 中曲线间的间隔大小反映出三极管电流放大能力的大小。注意：只有工作在放

大状态的三极管才有放大作用。放大时硅管 $U_{BE} \approx 0.7$ V，锗管 $U_{BE} \approx 0.3$ V。

（2）饱和区。饱和区是指 $i_B > 0$，$U_{CE} \leqslant 0.3$ V 的区域。工作在饱和区的三极管，发射结和集电结均为正偏。此时，i_C 随着 U_{CE} 变化而变化，却几乎不受 i_B 的控制，三极管失去放大作用。当 $U_{CE} = U_{BE}$ 时集电结零偏，三极管处于临界饱和状态。

（3）截止区。截止区就是 $i_B = 0$ 曲线以下的区域。工作在截止区的三极管，发射结零偏或反偏，集电结反偏，由于 U_{BE} 在死区电压之内（$U_{BE} < U_{th}$），处于截止状态。此时三极管各极电流均很小（接近或等于零）。

4.3.4　三极管的主要参数

三极管的参数是选择和使用三极管的重要依据。三极管的参数可分为性能参数和极限参数两大类。值得注意的是，由于制造工艺的离散性，即使同一型号规格的管子，参数也不完全相同。

1. 电流放大系数 β 和 $\bar{\beta}$

$\bar{\beta}$ 是三极管共射连接时的直流放大系数，$\bar{\beta} = \dfrac{I_C}{I_B}$。

β 是三极管共射连接时的交流放大系数，它是集电极电流变化量 ΔI_C 与基极电流变化量 ΔI_B 的比值，即 $\beta = \Delta I_C / \Delta I_B$。$\beta$ 和 $\bar{\beta}$ 在数值上相差很小，一般情况下可以互相代替使用。

电流放大系数是衡量三极管电流放大能力的参数，但是 β 值过大热稳定性差。

2. 穿透电流 I_{CEO}

I_{CEO} 是当三极管基极开路即 $I_B = 0$ 时，集电极与发射极之间的电流，它受温度的影响很大，小管子的温度稳定性好。

3. 集电极最大允许电流 I_{CM}

三极管的集电极电流 I_C 增大时，其 β 值将减小，当由于 I_C 的增加使 β 值下降到正常值的 2/3 时的集电极电流，称为集电极最大允许电流 I_{CM}。

4. 集电极最大允许耗散功率 P_{CM}

P_{CM} 是三极管集电结上允许的最大功率损耗，如果集电极耗散功率 $P_C > P_{CM}$ 将烧坏三极管。对于功率较大的管子，应加装散热器。集电极耗散功率。

$$P_C = U_{CE} I_C \tag{4-5}$$

5. 反向击穿电压 $U_{(BR)CEO}$

$U_{(BR)CEO}$ 是三极管基极开路时，集射极之间的最大允许电压。当集射极之间的电压大于此值，三极管将被击穿损坏。

三极管的主要应用分为两个方面：一是工作在放大状态，作为放大器；二是在脉冲数字电路中，三极管工作在饱和与截止状态，作为晶体管开关。实用中常通过测量 U_{CE} 值的大小来判断三极管的工作状态。

【例 4-2】晶体管做开关的电路如图 4-16 所示，输入信号为幅值 $u_i = 3$ V 的方波，若 R_B

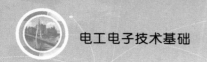

$=100\ \text{k}\Omega$，$R_{\text{C}}=5.1\ \text{k}\Omega$ 时，验证晶体管是否工作在开关状态？

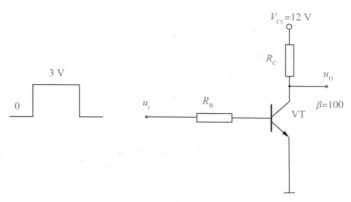

图 4-16   晶体管做开关的电路

【解】当 $u_{\text{i}}=0$ 时，$U_{\text{B}}=U_{\text{E}}=0$，$I_{\text{B}}=0$，$I_{\text{C}}=\beta I_{\text{B}}+I_{\text{CEO}}\approx 0$，则 $U_{\text{C}}=V_{\text{CC}}=12\ \text{V}$ 说明晶体管处于截止状态。

当 $u_{\text{i}}=3\ \text{V}$ 时，取 $U_{\text{BE}}=0.7\ \text{V}$，则基极电流 $I_{\text{C}}=\dfrac{u_{\text{i}}-U_{\text{BE}}}{R_{\text{B}}}=\dfrac{3-0.7}{100\times 10^{3}}\text{A}=0.023(\text{mA})$

集电极电流

$$I_{\text{C}}=\beta I_{\text{B}}=100\times 0.023=2.3(\text{mA})$$

集射极电压

$$U_{\text{CE}}=V_{\text{CC}}-I_{\text{C}}R_{\text{C}}=12-2.3\times 5.1=0.27(\text{V})$$

$U_{\text{CE}}<U_{\text{CES}}$，晶体管工作在饱和状态。

其中，U_{CES} 是三极管集电极—发射极间的饱和压降。

可见，u_{i} 为幅值达 3 V 的方波时，晶体管工作在开关状态。

本章小结

本章主要介绍了常用半导体器件的相关知识，帮助读者了解 N 型和 P 型半导体，并掌握二极管的类型、三极管伏安特性的基本内容。希望通过本章的学习，读者能够掌握常用半导体器件的相关特性，为后续的学习积累经验。

习题 4

1. 什么是 PN 结的偏置？PN 结正向偏置与反向偏置时各有什么特点？

2. 锗二极管与硅二极管的死区电压、正向压降、反向饱和电流各为多少？

3. 为什么二极管可以当作一个开关来使用？

4. 普通二极管与稳压管有何异同？普通二极管有稳压性能吗？

5. 选用二极管时主要考虑哪些参数？这些参数的含义是什么？

6. 三极管具有放大作用的内部条件和外部条件各是什么？三极管有哪些工作状态？各有什么特点？

7. 场效管有哪几种类型？场效管与半导体三极管在性能上的主要差别是什么？在使用场效管时，应注意哪些问题？

8. 电路如题图 1 所示，已知 $u_i = 10\sin \omega t \,(\text{V})$，试求 u_i 与 u_o 的波形。设二极管正向导通电压可忽略不计。

9. 现有一个结型场效应管和一个半导体三极管混在一起，能根据两者的特点用万用表把它们分开吗？

10. 电路如题图 2 所示，已知 $u_i = 5\sin \omega t \,(\text{V})$，二极管导通压降为 0.7 V。试画出 u_i 与 u_o 的波形，并标出幅值。

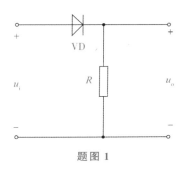 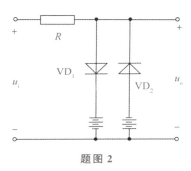

题图 1　　　　　　　　　　　　　题图 2

11. 电路如题图 3（a）所示，其输入电压 u_{i1} 和 u_{i2} 的波形如题图 3（b）所示，设二极管导通电压降为 0.7 V。试画出输出电压 u_o 的波形，并标出幅值。

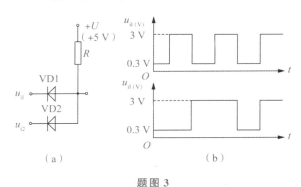

题图 3

12. 写出题图 4 所示电路的输出电压值，设二极管导通后电压降为 0.7 V。

13. 现有两只稳压管，它们的稳定电压分别为 6 V 和 8 V，正向导通电压为 0.7 V。试问：将它们串联相接，则可得到几种稳压值？各为多少？

14. 已知稳压管的稳定电压 $U_{VZ} = 6$ V，稳定电流的最小值 $I_{Zmin} = 5$ mA，最大功耗 $P_{VZM} = 150$ mW。试求题图 5 所示电路中电阻 R 的取值范围。

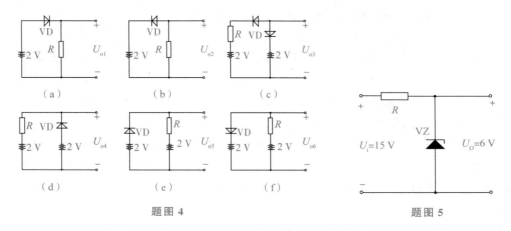

题图 4   题图 5

15. 在题图 6 所示电路中，已知电路中稳压管的稳压电压 $U_{VZ}=6$ V，最小稳定电流 $I_{Zmin}=5$ mA，最大稳定电流 $I_{Zmax}=25$ mA。

（1）分别计算 U_1 为 10 V、15 V、35 V 三种情况下输出电压 U_o 的值。

（2）若 $U_1=35$ V 时负载开路，则会出现什么现象？为什么？

16. 在题图 7 所示电路中，发光二极管导通电压 $U_{VD}=1.5$ V，正向电流在 5～15 mA 时才能正常工作。试问：

（1）开关 S 在什么位置时发光二极管才能发光？

（2）R 的取值范围是多少？

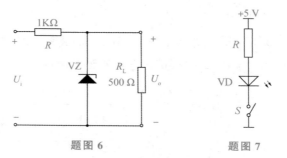

题图 6   题图 7

17. 有两只晶体管，一只的 $\beta=200$，$I_{CEO}=200$ μA；另一只的 $\beta=100$，$I_{CEO}=10$ μA，其他参数大致相同。应选哪只管子？为什么？

18. 测得放大电路中六只晶体管的直流电位如题图 8 所示。在圆圈中画出管子，并分别说明它们是硅管还是锗管。

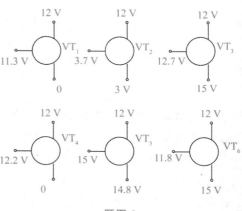

题图 8

第5章 基本放大电路

本章导读

放大电路又称为放大器，它是使用最为广泛的电子电路之一，也是构成其他电子电路的基本单元电路。所谓"放大"就是将输入的微弱信号（变化的电压、电流等）放大到所需要的幅度值并与原输入信号变化规律一致，即进行不失真的放大。放大电路的本质是能量的控制和转换。

本章主要介绍放大的概念，放大电路的主要性能指标，放大电路的组成原则及各种放大电路的工作原理、特点和分析方法。

学习目标

➢ 理解放大电路的主要性能。
➢ 掌握放大电路的分析方法。
➢ 了解共集电极与共基极放大电路。

思政目标

➢ 训练科学思维、培养科学精神，积极探索电路理论形成过程，激发学习兴趣。
➢ 学生规范自己的言行举止，养成良好的职业习惯，增强职业认同感。

5.1 放大电路基本知识

放大现象存在于各种场合。例如，利用放大镜放大微小物体，这是光学中的放大；利用杠杆原理用小力移动物体，这是力学中的放大；利用变压器将低电压变换为高电压，这是电学中的放大。研究它们的共同点，一是都将"原物"形状或大小按一定比例放大了；二是放大前后能量守恒。例如，杠杆原理中前后端做功相同，理想变压器的原、副边功率相同等。

利用扩音机放大声音，是电子学中的放大。话筒将微弱的声音转换成电信号，经放大电路放大成足够强的电信号后，驱动扬声器，使其发出较原来强得多的声音。这种放大与上述放大的相同之处是放大的对象均为变化量，不同之处在于扬声器所获得的能量远大于话筒送出的能量。可见，放大电路放大的本质是能量的控制和转换，是在输入信号作用下，通过放大电路将直流电源的能量转换成负载所获得的能量，而负载从电源获得的能量大于信号源所提供的能量。因此，电子电路放大的基本特征是功率放大，即负载上总是获得比输入信号大得多的电压或电流，有时兼而有之。这样，在放大电路中必须存在能够控制能量的器件，即有源器件，如晶体管和场效应管等。

放大的前提是不失真，即只有在不失真的情况下放大才有意义。晶体管和场效应管是放大电路的核心器件，只有它们工作在合适的区域（晶体管工作在放大区、场效应管工作在恒流区），才能使输出量与输入量始终保持线性关系，即电路不会产生失真。

5.1.1 放大电路的主要性能指标

放大电路的主要性能指标有：放大倍数、输入电阻、输出电阻、最大输出幅值、通频带、最大输出功率、效率和非线性失真系数等，本节主要介绍前三种性能指标。

1. 放大倍数

放大倍数是衡量放大电路放大能力的重要性能指标，常用 A 表示。放大倍数可分为电压放大倍数、电流放大倍数和功率放大倍数等。放大电路框图如图 5-1 所示。

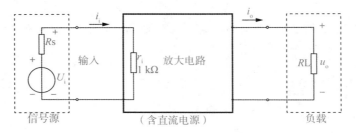

图 5-1　放大电路框图

放大电路输出电压的变化量与输入电压的变化量之比，称为电压放大倍数，用 A_u 表示。

$$A_u = \frac{u_o}{u_i} \tag{5-1}$$

2. 输入电阻

输入电阻就是从放大电路输入端看进去的交流等效电阻，用 r_i 表示。在数值上等于输入电压 u_i 与输入电流 i_i 之比，即

$$r_i = \frac{u_i}{i_i} \tag{5-2}$$

r_i 相当于信号源的负载，r_i 越大，信号源的电压更多地传输到放大电路的输入端。在电压放大电路中，希望 r_i 大一些。

3. 输出电阻

输出电阻就是从放大电路输出端（不包括 R_L）看进去的交流等效电阻，用 r_o 表示。r_o 的求法如图 5-2 所示，即先将信号源 u_s 短路，保留内阻 r_s，将 R_L 开路，在输出端加一交流电压 u_o，产生电流 i_o，输出电阻等于 u_o 与 i_o 之比，即

$$R_o = \frac{u_o}{i_o} \Big|_{u_s=0,\ R_L \to \infty} \tag{5-3}$$

r_o 越小，则电压放大电路带负载能力越强，且负载变化时，对放大电路影响也小，所以 r_o 越小越好。

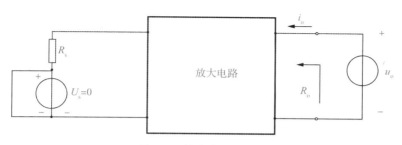

图 5-2　输出电阻的求法

5.1.2　直流通路与交流通路

对放大电路的分析包括静态分析和动态分析。静态分析的对象是直流量，用来确定管的静态工作点；动态分析的对象是交流量，用来分析放大电路的性能指标。对于小信号线性放大器，为了分析方便，常将放大电路分别画出直流通路和交流通路，把直流静态量和交流动态量分开来研究。

下面以图 5-3（a）所示的共射放大电路为例，说明其画法。图 5-3 中，u_s 为信号源，R_s 为信号源内阻，R_L 为放大电路的负载电阻。

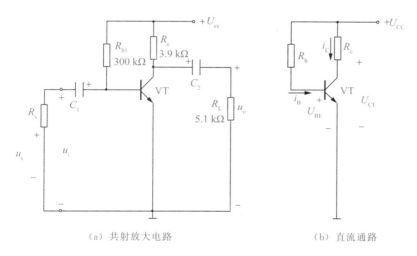

（a）共射放大电路　　　　　　（b）直流通路

图 5-3　共射基本放大电路及其直流通路

1. 直流通路的画法

电路在输入信号为零时所形成的电流通路，称为直流通路。画直流通路时，将电容视为开路，电感视为短路，其他元器件不变。画出图 5-3（a）电路的直流通路如图 5-3（b）所示。

2. 交流通路的画法

电路只考虑交流信号作用时所形成的电流通路称为交流通路。它的画法是，信号频率较高时，将容量较大的电容视为短路，将电感视为开路，将直流电源（设内阻为零）视为短路，其他不变。画出 5-3（a）电路的交流通路如图 5-4 所示。

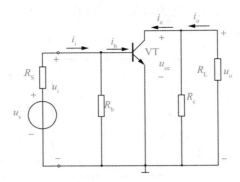

图 5-4　共射基本放大电路的交流通路

5.2　放大电路的分析方法

一般情况下，在放大电路中直流量和交流信号总是共存的。对于放大电路的分析一般包括两个方面的内容：静态工作情况和动态工作情况的分析。前者主要确定静态工作点（直流值），后者主要研究放大电路的动态性能指标。

5.2.1　估算法

工程估算法也称近似估算法，是在静态直流分析时，列出回路中的电压或电流方程用来近似估算工作点的方法，例如图 5-3 所示的电路，在 $U_{CC} > U_{BE}$ 条件下，由基极回路得

$$I_B = \frac{U_{CC} - U_{BE}}{R_B} \tag{5-4}$$

如果三极管工作在放大区，则

$$I_C = \beta I_{BQ} \tag{5-5}$$

由图 5-3 的输出回路，有

$$U_{CE} = U_{CC} - I_{CQ} R_C \tag{5-6}$$

对于任何一种电路只要确定了 I_B、I_C 和 U_{CE}，即确定了电路的静态工作点。

在电子元器件选择计算时，常用经验公式，这些公式就是运用估算法得出的。

5.2.2　图解法

在三极管的特性曲线上直接用作图的方法来分析放大电路的工作情况，称之为特性曲线图解法，简称图解法。它既可做静态分析，也可做动态分析。下面以图 5-5（a）所示的共射放大电路为例介绍图解法。

1. 静态分析

图 5-5（a）为静态时共射放大电路的直流通路，用虚线分成线性部分和非线性部分。非线性部分为三极管；线性部分为有确定基极偏流 U_{CC}、R_B 以及输出回路的 U_{CC} 和 R_L。

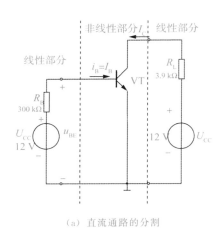
（a）直流通路的分割

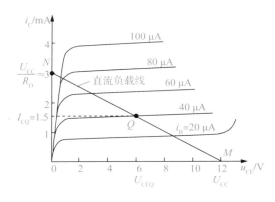
（b）图解分析法

图 5-5　放大电路的静态工作图

图示电路中三极管的偏流 I_B 可由下式求得

$$I_B = \frac{U_{CC} - U_{BE}}{R_B} \approx \frac{U_{CC}}{R_B} = 40 \ \mu A \tag{5-7}$$

非线性部分用三极管的输出特性曲线来表征，它的伏安特性对应的是 $i_B = 40 \ \mu A$ 的那一条输出特性曲线，如图 5-5（b）所示，即

$$i_B = 40 \ \mu A \tag{5-8}$$

根据 KVL 可列出输出回路方程，亦即输出回路的直流负载线方程

$$U_{CC} = i_C R_C + U_{CE} \tag{5-9}$$

设 $i_C = 0$，则 $u_{CE} = U_{CC}$，在横坐标轴上得截点 M（U_{CC}，0）；设 $u_{CE} = 0$，则 $i_C = U_{CC}/R_C$，在纵坐标轴上得截点 N（0，U_{CC}/R_C）。代入电路参数，$U_{CC} = 12 \ V$，$U_{CC}/R_C \approx 3 \ mA$，在图 5-5（b）中得 M（12 V，0 mA）和 N（0 V，3 mA）两点。连接 M、N 得到直线 MN，这就是输出回路的直流负载。

静态时，电路中的电压和电流必须同时满足非线性部分和线性部分的伏安特性，因此，直流负载线 MN 与 $i_B = I_B = 40 \ \mu A$ 的那一条输出特性曲线的交点 Q，就是静态工作点。Q 点所对应的电流、电压值就是静态工作点的 I_C、U_{CE} 值。从图 5-5（b）可读得 $U_{CE} = 6 \ V$，$I_C = 1.5 \ mA$。

2. 动态分析

从输入端看 R_B 与发射极并联从集电极看 R_C 和 R_L 并联。此时的交流负载为 $R'_L = R_C // R_L$，显然 $R'_L < R_C$。且在交流信号过零点时，其值在 Q 点，所以交流负载线是一条通过 Q 点的直线，其斜率为

$$k' = \tan \alpha' = \frac{-1}{R'_L} \tag{5-10}$$

所以，过 Q 点作一斜率为（$-1/R_L$）的直线，就是由交流通路得到的负载线，称为交流负载线。显然，交流负载线是动态工作点的集合，为动态工作点移动的轨迹。

3. 静态工作点对输出波形的影响

输出信号波形与输入信号波形存在差异称为失真，这是放大电路应该尽量避免的。静态工作点设置不当，输入信号幅度又较大时，将使放大电路的工作范围超出三极管特性曲线的

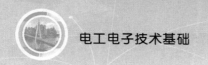

线性区域而产生失真，这种由于三极管特性的非线性造成的失真称为非线性失真。

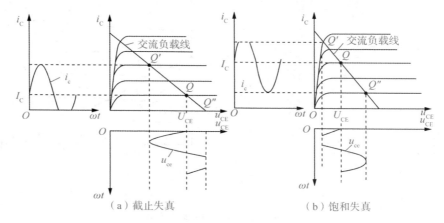

（a）截止失真　　　　　　　　　　（b）饱和失真

图 5-6　波形失真

（1）截止失真。在图 5-6（a）中，静态工作点 Q 偏低，而信号的幅度又较大，在信号负半周的部分时间内，使动态工作点进入截止，i_B 的负半周被削去一部分。因此 i_C 的负半周和 u_{CE} 的正半周也被削去相应的部分，产生了严重的失真。这种由于三极管在部分时间内截止而引起的失真，称为截止失真。

（2）饱和失真。在图 5-6（b）中，静态工作点 Q 偏高，而信号的幅度又较大，在信号正半周的部分时间内，使动态工作点进入饱和区，结果 i_C 的正半周和 u_{CE} 的负半周被削去一部分，也产生严重的失真。这种由于三极管在部分时间内饱和而引起的失真，称为饱和失真。

为了减小或避免非线性失真，必须合理选择静态工作点位置，一般选在交流负载结的中点附近，同时限制输入信号的幅度。一般通过改变 R_B 来调整工作点。

4. 图解法的适用范围

图解法的优点是能直观形象地反映三极管的工作情况，但必须实测所用管子的特性曲线，且用它进行定量分析时误差较大；此外仅能反映信号频率较低时的电压、电流关系。因此，图解法一般适用于输出幅值较大而频率不高时的电路分析。在实际应用中，多用于分析 Q 点位置、最大不失真输出电压、失真情况及低频功放电路等。

5.2.3　微变等效电路分析法

所谓"微变"是指微小变化的信号，即小信号。在低频小信号条件下，工作在放大状态的三极管在放大区的特性可近似看成线性的。这时，具有非线性的三极管可用一线性电路来等效，称之为微变等效模型。

1. 三极管基极与发射极之间等效交流电阻 r_{BE}

当三极管工作在放大状态时，微小变化的信号使三极管基极电压的变化量 Δu_{BE} 只是输入特性曲线中很小的一段，这样 Δi_B 与 Δu_{BE} 可近似看作线性关系，用一等效电阻 r_{BE} 来表示，即

$$r_{BE} = \frac{\Delta u_{BE}}{\Delta i_B}$$

（5-11）

式中，r_{BE} 为三极管的共射输入电阻，通常用下式估算

$$r_{BE} = r_{BB'} + (1+\beta)\frac{26(\mathrm{mV})}{I_E(\mathrm{mA})} \approx 300(\Omega) + (1+\beta)\frac{26(\mathrm{mV})}{I_E(\mathrm{mA})} \tag{5-12}$$

r_{BE} 是动态电阻，只能用于计算交流量。

2. 三极管集电极与发射极之间等效为受控电流源

工作在放大状态的三极管，其输出特性可近似看作为一组与横轴平行的直线，即电压 u_{CE} 变化时，电流 i_C 几乎不变，呈恒流特性。只有基极电流 i_B 变化，i_C 才变化，并且 $i_C = \beta i_b$，因此，三极管集电极与发射极之间可用一受控电流 βi_B 来等效，其大小受基极电流 i_b 的控制，反映了三极管的电流控制作用。

由此得出图 5-7 所示的三极管简化微变等效电路。

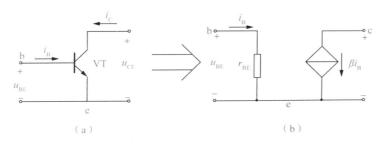

图 5-7　三极管简化微变等效电路

5.3　固定偏置共射极放大电路

5.3.1　组成及各元器件的作用

放大电路组成的原则是必须有直流电源，而且电源的设置应保证三极管（或场效应管）工作在线性放大状态；元器件的安排要能保证信号有传输通路，即保证信号能够从放大电路的输入端输入，经过放大路放大后从输出端输出；元器件参数的选择要保证信号能不失真地放大，并满足放大电路的性能指标要求。

1. 电路组成

图 5-8 为根据上述要求由 NPN 型晶体管组成的最基本的放大单元电路。许多放大电路就是以它为基础，经过适当改造组合而成的。因此，掌握它的工作原理及分析方法是分析其他放大电路的基础。

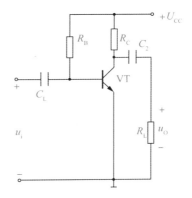

图 5-8　共射极基本放大电路

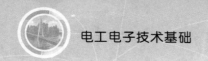

2. 各元件的作用

晶体管 VT：图 5-8 中的 VT 是放大电路中的放大元件。利用它的电流放大作用，在集电极获得放大的电流，该电流受输入信号的控制。从能量的观点来看，输入信号的能量是较小的，而输出信号的能量是较大的，但不是说放大电路把输入的能量放大了。能量是守恒的，不能放大，输出的较大能量来自直流电源 U_{CC}。即能量较小的输入信号通过晶体管的控制作用，去控制电源 U_{CC} 所供给的能量，以便在输出端获得一个能量较大的信号。这种小能量对大能量的控制作用，就是放大作用的实质，所以晶体管也可以说是一个控制器件。

集电极电源 U_{CC}：它除了为输出信号提供能量外，还为集电结和发射结提供偏置，以使晶体管起到放大作用。U_{CC} 一般为几伏到几十伏。

集电极负载电阻 R_C：它的主要作用是将已经放大的集电极电流的转化变换为电压的变化，以实现电压放大。R_C 阻值一般为几千欧到几十千欧。

基极偏置电阻 R_B：它的作用是使发射结处于正向偏置，串联 R_B 是为了控制基极电流 i_B 的大小，使放大电路获得较合适的工作点。R_B 阻值一般为几十千欧。

耦合电容 C_1 和 C_2：它们分别接在放大电路的输入端和输出端。利用电容器"能交隔直"这一特性，一方面隔断放大电路的输入端与信号源、输出端与负载之间的直流通路，保证放大电路的静态工作点不因输出、输入的连接而发生变化；另一方面又要保证交流信号畅通无阻地经过放大电路，沟通信号源、放大电路和负载三者之间的交流通路。通常要求 C_1、C_2 上的交流压降小到可以忽略不计，即对交流信号可视作短路。所以电容值要求取值较大，对交流信号其容抗近似为零。一般采用 5～50 μF 的极性电容器，因此连接时一定要注意其极性。R_L 是外接负载电阻。故在 C_1 与 C_2 之间为直流与交流信号叠加，而在 C_1 与 C_2 外侧只有交流信号。

5.3.2 固定偏置共射极放大电路的分析

1. 固定偏置共射极放大电路的静态工作点

无输入信号（$u_i = 0$）时电路的状态称为静态，只有直流电源 U_{CC} 加在电路上，三极管各极电流和各极之间的电压都是直流量，分别用 I_B、I_C、U_{BE}、U_{CE} 表示，它们对应着三极管输入输出特性曲线上的一个固定点，习惯上称它们为静态工作点，简称 Q 点。

静态值既然是直流，故可用交流放大电路的直流通路来分析计算。

在如图 5-9（b）所示共射基本电路的直流通路中，由 $+U_{CC}$—R_B—b 极—e 极—地可得

$$I_{BQ} \approx \frac{U_{CC} - U_{BE}}{R_B} \qquad (5\text{-}13)$$

当 $U_{BE} \ll U_{CC}$ 时，

$$I_{BQ} \approx \frac{U_{CC}}{R_B}$$

当 U_{CC} 和 R_b 选定后，偏流 I_B 即为固定值，所以共射极基本电路又称为固定偏流电路。

如果三极管工作在放大区，且忽略 I_{CEO}，则

$$I_{CQ} \approx \beta I_{BQ} \qquad (5\text{-}14)$$

由 $+U_{CC}$—R_C—C 极—E 极—地可得

$$U_{CE} = U_{CC} - I_C R_C \qquad (5\text{-}15)$$

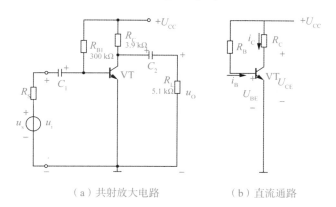

（a）共射放大电路　　　　（b）直流通路

图 5-9　共射基本放大电路及其直流通路

【例 5-1】图 5-9 所示电路中，$U_{CC} = 12$ V，$R_C = 3.9$ kΩ，$R_B = 300$ kΩ，三极管为 3DG100，$\beta = 40$，试求：（1）放大电路的静态工作点；（2）如果偏置电阻 R_B 由 300 kΩ 改为 100 kΩ。三极管工作状态有何变化？求静态工作点。

【解】（1）$I_B = (U_{CE} - U_{BE}/R_B \approx U_{CC}/R_B = 40$（μA）

$I_C = \beta I_B = 1.6$（mA）

$U_{CE} = U_{CC} - I_C R_C = 5.76$（V）

（2）$I_B \approx U_{CC}/R_b = 12/100 = 0.12$ mA $= 120$（μA）

$I_C \approx \beta I_B = 4\,800$ μA $= 4.8$ mA

$U_{CE} = U_{CC} - I_C R_C = 12 - 4.8 \times 3.9 = -6.72$（V）

表明三极管工作在饱和区，这时应根据式（5-17）求得 I_C。

$$I_C = I_{CS} \approx U_{CC}/R_C = 12/3.9 \approx 3 \text{（mA）}$$

2. 固定偏置共射极放大电路的动态分析

画出图 5-9（a）所示共射基本放大电路的微变等效电路，如图 5-10 所示。

从图中可以看出，输入电阻 r_i 为 R_B 与 r_{BE} 的并联值，所以输入电阻为

$$R_I = R_B // r_{BE} \qquad (5\text{-}16)$$

当 u_s 被短路时，$i_B = 0$，$i_C = 0$，从输出端看进去，只有电阻 r_c，所以输出电阻为

$$r_o = R_C \qquad (5\text{-}17)$$

从图 5-10 中输入回路可以看出

$$U_i = i_B r_{BE} \qquad (5\text{-}18)$$

令 $R_L = R_C // R_L$，其输出电压为

$$U_o = -i_C R'_L = -\beta i_B R'_L \qquad (5\text{-}19)$$

因此，电压放大倍数为

$$\dot{A}_u = \frac{\dot{U}_o}{\dot{U}_i} = -\frac{\beta R'_L}{r_{BE}} \qquad (5\text{-}20)$$

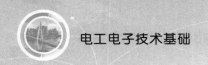

式（5-20）中，负号表示 U_o 和 i_i 相位相反。

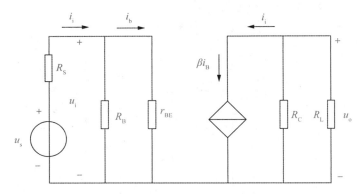

图 5-10　R_1 基本共射电路的微变等效电路

5.4　分压式偏置电路共射极放大电路

静态工作点不但决定了电路的工作状态，而且还影响着电压放大倍数、输入电阻等动态参数。实际上电源电压的波动、元件的老化以及因温度变化所引起晶体管参数的变化，都会造成静态工作点的不稳定，从而使动态参数不稳定，有时电路甚至无法正常工作。在引起 Q 点不稳定的诸多因素中，温度对晶体管参数的影响是较为主要。

5.4.1　温度对静态工作点的影响

半导体三极管的温度特性较差，温度变化会使三极管的参数发生变化。

1. 温度升高使反向饱和电流 I_{CBO} 增大

I_{CBO} 是集电区和基区的少子在集电结反向电压的作用上形成的电流，对温度十分敏感，温度每升高 10 ℃时，I_{CBO} 约增大一倍。

由于穿透电流 $I_{CEO} = (1+\beta) I_{CBO}$，故 I_{CEO} 上升更显著。I_{CEO} 的增加，表现为共射输出特性曲线均向上平移。

2. 温度升高使电流放大系数 β 增大

温度升高会使 β 增大。实验表明，温度每升高 1 ℃，β 约增大 0.5％～2.0％。β 的增大反映在输出特性曲线上，各条曲线的间隔相应变化。

3. 温度升高使发射结电压 U_{BE} 减小

当温度升高时，发射结导通电压将减小。温度每升高 1 ℃，U_{BE} 约减小 2.5 mV。

对于共射基本电路，其基极电流 $I_B = (U_{CC} - U_{BE})/R_B$ 将增大。当温度升高时，三极管的集电极电流 I_C 将迅速增大，工作点向上移动。当环境温度发生变化时，共射基本电路工作点将发生变化，严重时会使电路不能正常工作。

5.4.2　分压式偏置电路共射极放大电路的组成

为了稳定静态工作点，常采用分压式偏置电路，电路如图 5-11 所示。图 5-11 中，R_{B1} 为上偏置电阻，R_{B2} 为下偏置电阻，R_E 为发射极电阻，C_E 为射极旁路电容，它的作用是使电路的交流信号放大能力不因 R_E 存在而降低。

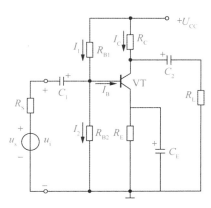

图 5-11　分压式偏置电路

5.4.3　分压式偏置电路共射极放大电路的工作原理

由图 5-11 可知，当 R_{B1}、R_{B2} 选择适当，使流过 R_{B1} 的电流 $I_1 > I_B$，流过 R_{b2} 的电流 $I_2 = I_1 - I_B \approx I_1$，则 $U_B = R_{B2}U_{CE}/(R_{B1} + R_{B2})$。

若图 5-11 所示电路满足 $I_1 \geqslant (5 \sim 10) U_{BE}$ 式，则可知 U_B 由 R_{B1}、R_{B2} 分压而定，与温度变化基本无关。如果温度升高使 I_C 增大，则 I_E 增大，发射极电位 $U_E = I_E R_E$ 升高，结果使 $U_{BE} = U_B - U_E$ 减小，I_B 相应减小，从而限制了 I_C 的增大，使 I_C 基本保持不变。上述稳定工作点的过程可表示为

$$T(温度) \uparrow \to I_C \uparrow \to I_E \uparrow \to U_E(U_B 基本不变)U_{BE} \downarrow I_B \downarrow I_C \downarrow$$

要提高工作点的热稳定性，应要求 $I_1 > I_B$ 和 $U_B > U_{BE}$。今后如不特别说明，可以认为电路都满足上述条件。

实际上，如果 $U_B > U_{BE}$，则 $I_C \approx I_E = (U_B - U_{BE})/R_E \approx U_B/R_E$。此 I_C 也稳定，I_C 基本与三极管参数无关。

应当指出，分压式工作点稳定电路只能使工作点基本不变。实际上，当温度变化时，由于 β 变化，I_C 也会有变化。在温度变化的过程中，β 受到的影响最大，利用 R_E 可减小 β 对 Q 点的影响，也可采用温度补偿的方法减小温度变化的影响。

【例 5-2】在图 5-11 所示的分压式工作点稳定电路中，若 $R_{B1} = 75\ \text{k}\Omega$，$R_{B2} = 18\ \text{k}\Omega$，$R_C = 3.9\ \text{k}\Omega$，$R_E = 1\ \text{k}\Omega$，$U_{CC} = 9\text{V}$。三极管的 $U_{BE} = 0.7\text{V}$，$\beta = 50$。求：（1）试确定 Q 点；（2）若更换管子，使 β 变为 100，其他参数不变，确定此时 Q 点。

【解】（1）$U_B \approx R_{B2}U_{CC}/(R_{B1} + R_{B2}) = 18/(75 + 18) \times 9 \approx 1.7\ (\text{V})$

$I_C \approx (U_B - U_{BE})/R_E = (1.6 - 0.7)/1 = 1\ (\text{mA})$

$$U_{CE} \approx U_{CC} - I_c(R_c + R_E) = 9 - 1 \times (3.9 + 1) = 4.1(V)$$

$$I_B = I_c / \beta = 1/50 = 20(\mu A)$$

（2）当 $\beta = 100$ 时，由上述计算过程可以看到，U_B、I_c 和 U_{CE} 与（1）相同，而 $I_B = I_c / \beta = 1/100 = 10(\mu A)$

由此例可见，对于更换管子引起 β 的变化，分压式工作点稳定电路能够自动改变 I_B 以抵消 β 变化的影响，使 Q 点基本保持不变（指 I_c、U_{CE} 保持不变）。

5.4.4 分压式偏置电路共射极放大电路的分析

1. 分压式偏置电路共射极放大电路的静态分析

在如图 5-12（a）所示直流通路中，由 b 极—e 极—R_E—地可得

$$I_{CQ} \approx I_{EQ} = \frac{U_{EQ}}{R_E} = \frac{U_{BQ} - U_{BEQ}}{R_E} = \frac{\dfrac{R_{B2}}{R_{B1} + R_{B2}} U_{CC} - U_{BEQ}}{R_E} \tag{5-21}$$

$$I_{BQ} = \frac{I_{CQ}}{\beta} \approx \frac{I_{EQ}}{\beta} \tag{5-22}$$

由 $+U_{CC}$—R_C—c 极—e 极—R_E—地可得

$$U_{CEQ} \approx U_{CC} - I_{CQ}(R_C + R_E) \tag{5-23}$$

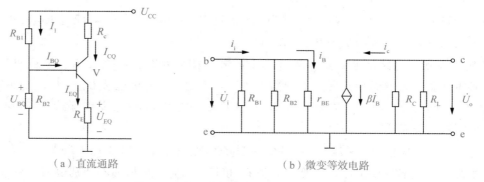

（a）直流通路　　　　　　　　（b）微变等效电路

图 5-12　分压式偏置电路共射极放大电路

2. 分压式偏置电路共射极放大电路的动态分析

画出图 5-11 所示分压式偏置放大电路的微变等效电路，如图 5-12（b）所示。

$$\dot{A}_U = \frac{\dot{U}_o}{\dot{U}_i} = \frac{-\beta \dot{I}_B(R_C // R_L)}{\dot{I}_B r_{BE}} \tag{5-24}$$

$$= \frac{-\beta(R_C // R_L)}{r_{BE}}$$

$$r_i = R_{B1} // R_{B2} // r_{BE} \tag{5-25}$$

$$I_B = 0 \quad I_C = 0$$

$$r_o = r_{CE} // R_C \approx R_C \tag{5-26}$$

5.5 共集电极与共基极放大电路

5.5.1 **共集电极放大电路**

共集电极放大电路的组成如图 5-13（a）所示。图 5-13（b）为其微变等效电路，由交流通路可见，基极是信号的输入端，集电极则是输入、输出回路的公共端，所以是共集电极放大电路；发射极是信号的输出端，又称射极输出器。各元件的作用与共发射极放大电路基本相同，只是 R_E 除具有稳定静态工作的作用外，还作为放大电路空载时的负载。

1. 静态分析

由图 5-13（a）可得方程

$$V_{CC} = I_B R_B + U_{BE} + (1+\beta)I_B R_E \tag{5-27}$$

则

$$I_{BQ} = \frac{U_{CC} - U_{BE}}{R_B + (1+\beta)R_E} \tag{5-28}$$

$$I_C = \beta I_{BQ} \approx I_{EQ} \tag{5-29}$$

$$U_{CEQ} = U_{CC} - I_{CQ}R_E \tag{5-30}$$

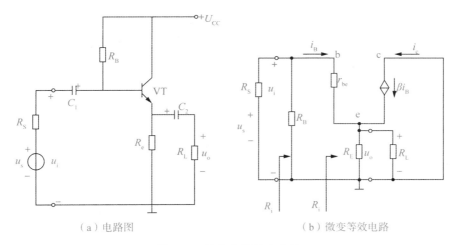

（a）电路图　　　　　　　　　　　（b）微变等效电路

图 5-13　共集电极放大电路

2. 动态分析

（1）电压放大倍数 A_u

由图 5-13（b）可知

$$\dot{U}_i = \dot{I}_B r_{BE} + \dot{I}_E R'_L = \dot{I}_B r_{BE} + (1+\beta)\dot{I}_B R'_L \tag{5-31}$$

$$\dot{U}_o = \dot{I}_E R'_L = (1+\beta)\dot{I}_B R'_L \tag{5-32}$$

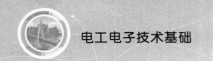
式中：$R'_\text{L}=R_\text{E}//R_\text{L}$。故

$$A_u=\frac{(1+\beta)\dot{I}_\text{B}R'_\text{L}}{\dot{I}_\text{B}r_\text{BE}+(1+\beta)\dot{I}_\text{B}R'_\text{L}}=\frac{(1+\beta)R'_\text{L}}{r_\text{BE}+(1+\beta)R'_\text{L}} \tag{5-33}$$

一般 $(1+\beta)\,R_\text{L}'>r_\text{BE}$，故 $A_u\approx1$，即共集电极放大电路输出电压与输入电压大小近似相等，相位相同，没有电压放大作用。

（2）输入电阻 Ri

$$r_\text{i}=R_\text{B}//r'_\text{i}$$

$$r'_\text{i}=\frac{\dot{U}_\text{i}}{\dot{I}_\text{B}}=\frac{\dot{I}_\text{B}r_\text{BE}+\dot{I}_\text{E}R_\text{E}//R_\text{L}}{\dot{I}_\text{B}}=r_\text{BE}+(1+\beta)R'_\text{L} \tag{5-34}$$

故

$$r_\text{i}=R_\text{B}//\,[r_\text{BE}+(1+\beta)R'_\text{L}] \tag{5-35}$$

式（5-35）说明，共集电极放大电路的输入电阻比较高，它一般比共射基本放大电路的输入电阻高几十倍到几百倍。

（3）输出电阻 Ro

将图 5-13（b）中信号源 U_S 短路，负载 R_L 断开，计算 R_o 的等效电路如图 5-14 所示。

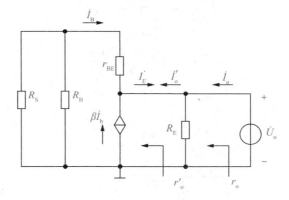

图 5-14 计算输出电阻的等效电路

由图 5-14 可得

$$\dot{U}_\text{o}=-\dot{I}_\text{B}(r_\text{BE}+R_\text{S}//R_\text{B})$$

$$\dot{I}'_\text{o}=-\dot{I}_\text{E}=-(1+\beta)\dot{I}_\text{B}$$

故

$$r'_\text{o}=\frac{\dot{U}_\text{o}}{\dot{I}'_\text{o}}=\frac{r_\text{BE}+R_\text{S}//R_\text{B}}{1+\beta}$$

$$r_\text{o}=R_\text{E}//\,\frac{r_\text{BE}+R_\text{S}//R_\text{B}}{1+\beta} \tag{5-36}$$

式中，信号源内阻和三极管输入电阻 r_BE 都很小，而管子的 β 值一般较大，所以共集电极放大电路的输出电阻比共射极放大电路的输出电阻小得多，一般在几十欧左右。

【例 5-3】如图 5-13（a）所示电路中各元件参数为：$U_{CC} = 12\ V$，$R_B = 240\ k\Omega$，$R_E = 3.9\ k\Omega$，$R_S = 600\ \Omega$，$R_L = 12\ k\Omega$，$\beta = 60$。$C1$ 和 $C2$ 容量足够大，试求：A_u，R_i、R_o。

【解】由（式 5-19）得

$$I_B = \frac{U_{CC} - U_{BE}}{R_B + (1+\beta)R_E} \approx \frac{12}{240 + (1+60) \times 3.9} = 0.025(mA)$$

$$I_E \approx I_C = \beta I_B = 60 \times 0.025 = 1.5(mA)$$

因此

$$r_{BE} = 300 + (1+\beta)\frac{26}{I_E} = 300\ (\Omega) + (1+60)\frac{26}{1.5} = 1.4(k\Omega)$$

又

$$R_L{}' = R_E // R_L = \frac{3.9 \times 12}{3.9 + 12} \approx 2.9(k\Omega)$$

由式（5-22）至式（5-24）得

$$A_u = \frac{(1+\beta)R'_L}{r_{BE} + (1+\beta)R'_L} = \frac{(1+60) \times 2.9}{1.4 + (1+60) \times 2.9} = 0.99$$

$$r_i = R_B // [r_{BE} + (1+\beta)R'_L] = 200 // [1.4 + (1+60) \times 2.9] = 102(k\Omega)$$

$$r_o \approx \frac{r_{BE} + (R_S // R_B)}{1 + \beta} = \frac{1.4 \times 10^3 + (0.6 // 240) \times 10^3}{1 + 60} = 33(\Omega)$$

3. 特点和应用

共集电极放大电路的主要特点是：输入电阻高，传递信号源信号效率高。输出电阻低，带负载能力强；电压放大倍数小于或近似等于 1 而接近于 1；且输出电压与输入电压同相位，具有跟随特性。虽然没有电压放大作用，但仍有电流放大作用，因而有功率放大作用。这些特点使它在电子电路中获得了广泛的应用。

（1）作多级放大电路的输入级。由于输入电阻高可使输入放大电路的信号电压基本上等于信号源电压。因此常用在测量电压的电子仪器中作输入级。

（2）作多级放大电路的输出级。由于输出电阻小，提高了放大电路的带负载能力，故常用于负载电阻较小和负载变动较大的放大电路的输出级。

（3）作多级放大电路的缓冲级。将射极输出器接在两级放大电路之间，利用其输入电阻高、输出电阻小的特点。可作阻抗变换用，在两级放大电路中间起缓冲作用。

5.5.2　共基极放大电路

共基极放大电路的主要作用是高频信号放大，频带宽，其电路组成如图 5-15 所示。图 5-15 中 R_{B1}、R_{B2} 为发射结提供正向偏置，公共端三极管的基极通过一个电容器接地，（不能直接接地，否则基极上得不到直流偏置电压）。输入端发射极可以通过一个电阻或一个绕组与电源的负极连接，输入信号加在发射极与基极之间（输入信号也可以通过电感耦合接入放大电路）。集电极为输出端，输出信号从集电极和基极之间取出。

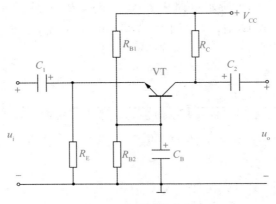

图 5-15　共基极放大电路

1. 静态分析

由图 5-15 可以看出，共基极放大电路的直流通路与图 5-11 共射极分压式偏置电路的直流通路一样，所以与共射极放大电路的静态工作点的计算相同。

2. 动态分析

共基极放大电路的微变等效电路如图 5-16 所示，由图 5-16 可知

$$A_u = \frac{U_o}{U_i} = \frac{-I_C(R_E//R_L)}{-I_B r_{BE}} = \beta \frac{R'_L}{r_{BE}} \tag{5-37}$$

式（5-37）说明，共基极放大电路的输出电压与输入电压同相位，这是共射极放大电路的不同之处；它也具有电压放大作用，A_u 的数值与固定偏置共射极放大电路相同。

由图 5-16 可得

$$R'_i = \frac{\dot{U}_i}{-\dot{I}_E} = \frac{-r_{BE}\dot{I}_B}{-(1+\beta)\dot{I}_B} = \frac{r_{BE}}{1+\beta}$$

它是共射极接法时三极管输入电阻的 $1/(1+\beta)$ 倍，这是因为在相同的 U_i 作用下，共基极法三极管的输入电流 $I = (1+\beta)I_B$，比共射接法三极管的输入电流大 $(1+\beta)$ 倍。

$$R_i = R_E//R'_i = R_E//[r_{BE}/(1+\beta)] \tag{5-38}$$

可见，共射极放大电路的输入电阻很小，一般为几欧到几十欧。

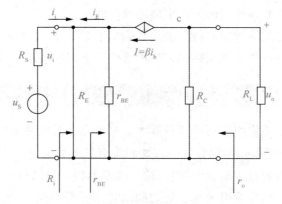

图 5-16　共基极放大电路的微变等效电路

由于在求输出电阻 r_o 时令 $u_S＝0$。则有 $I_B＝0$，$\beta I_B＝0$ 受控电流源作开路处理，故输出电阻

$$r_o \approx R_C$$ (5-39)

由式（5-37）、式（5-38）、式（5-39）可知，共基极放大电路的电压倍数较大，输入电阻较小，输出电阻较大。共基极放大电路主要应用于高频电子电路中。

5.6　多级放大电路

单级放大器的电压放大倍数一般为几十倍，而实际应用时要求的放大倍数往往很大。为了实现这种要求，需要把若干个单级放大器连接起来，组成多级放大器。

5.6.1　级间耦合方式

多级放大器内部各级之间的连接方式，称为耦合方式。常用的有阻容耦合、变压器耦合、直接耦合和光电耦合等。

1. 阻容耦合

图 5-17 是用电容 C_2 将两个单级放大器连接起来的两级放大器。可以看出，第一级的输出信号是第二级的输入信号，第二级的输入电阻 R_{i2} 是第一级的负载。这种通过电容和下一级输入电阻连接起来的方式，称为阻容耦合。

阻容耦合的特点是：由于前、后级之间是通过电容相连的，所以各级的直流电路互不相通，每一级的静态工作点相互独立，互不影响，这样就给电路的设计、调试和维修带来很大的方便。而且，只要耦合电容选得足够大，就可将前一级的输出信号在相应频率范围内几乎不衰减地传输到下一级，使信号得到充分利用。但是当输入信号的频率很低时，耦合电容 C_2 就会呈现很大的阻抗，第一级的输入信号转向第二级时，部分甚至全部信号都将变成在电容 C_2 上。因此，这种耦合方式无法应用于低频信号的放大，也就无法用来放大工程上大量存在的随时间缓慢变化的信号。此外，由于大容量的电容器无法集成，阻容耦合方式也不便于集成化。

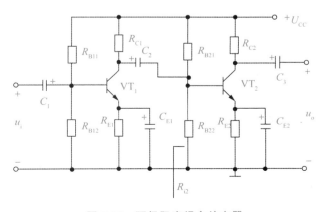

图 5-17　两级阻容耦合放大器

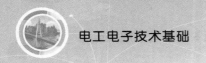

2. 变压耦合器

变压器耦合是指前级放大电路的输出信号经变压器加到后级输入端的耦合方式。图5-18为变压器耦合两级放大电路，第一级与第二级、第二级与负载之间均采用变压器耦合方式。

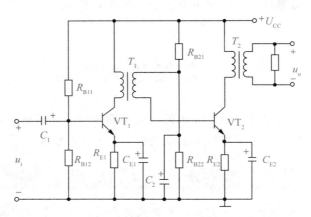

图5-18　变压器耦合两级放大器

变压器耦合有以下优点：由于变压器隔断了直流，所以各级的静态工作点也是相互独立的。而且，在传输信号的同时，变压器还有阻抗变换作用，以实现变抗匹配。但是，它的频率特性较差、体积大、质量重，不宜集成化。常用于选频放大或要求不高的功率放大电路。

3. 直接耦合

前级的输出端直接与后级的输出端相连的方式，称为直接耦合，如图5-19所示。

直接耦合放大电路各级的静态工作点不独立，相互影响，相互牵制，需要合理地设置各级的直流电平，使它们之间能正确配合；另外易产生零点漂移，零点漂移就是当放大电路的输入信号为零时，输出端还有缓慢变化的电压产生。但是它有两个突出的优点：一是它的低频特性好，可用于直流和交流以及变化缓慢信号的放大，图5-19中采用了双电源和NPN与PNP两种管型互补直接耦合方式；二是由于电路中只有三极体管和电阻，便于集成。故直接耦合在集成电路中获得广泛应用。

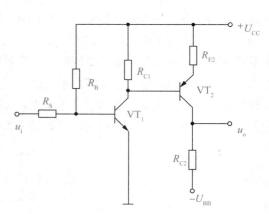

图5-19　直接耦合两级放大器

4. 光电耦合

放大器的级与级之间通过光电耦合器相连接的方式，称为光电耦合。由光敏三极管作为接收端的光电耦合器如图5-20（a）所示，由光敏二极管作为接收端的光电耦合器如图5-20（b）所示。

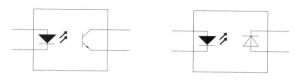

　　（a）光敏三极管作为接收端　　　（b）光敏二极管作为接收端

图 5-20　光电耦合器

　　由于它是通过电—光—电的转换来实现级间耦合，各级的直流工作点相互独立。采用光电耦合，可以提高电路的抗干扰能力。

5.6.2　多级放大电路的主要性能指标

　　单级放大器的某些性能指标可作为分析多级放大器的依据。多级放大器的主要性能指标采用以下方法估算。

1. 电压放大倍数

　　由于前级的输出电压就是后级的输入电压，因此，多级放大器的电压放大倍数等于各级放大倍数之积，对于 n 级放大电路，有

$$A_U = A_{U1} A_{U2}, \cdots, A_{UN} \tag{5-40}$$

　　在计算各级的放大器的放大倍数时，一般采用以下两种方法。一种是，在计算某一级电路的电压放大倍数时，首先计算下一级放大电路的输入电阻，将这一电阻视为负载；然后再按单级放大电路的计算方法计算放大倍数。另一种是，先计算前一级在负载开路时的电压放大倍数和输出电阻，然后将它作为有内阻的信号源接到下一级的输入端，再计算下级的电压放大倍数。

2. 输入电阻

　　多级放大器的输入电阻 R_i 就是第一级的输入电阻 R_{i1}，即

$$R_i = R_{i1} \tag{5-41}$$

3. 输出电阻

　　多级放大器的输出电阻等于最后一级（第 n 级）的输出电阻 R_{ON}，即

$$R_o = R_{ON} \tag{5-42}$$

　　多级放大电路的输入、和输出电阻要分别与信号源内阻及负载电阻相匹配，才能使信号获得有效放大。

本章小结

　　本章主要介绍了基本放大电路的相关知识，帮助读者了解直流通路与交流通路，并掌握估算法、图解法和微变等效电路分析法的基本内容。希望通过本章的学习，读者能够进一步理解巩固电路学的知识，激发对电路的学习兴趣，提高实践能力和思考能力。

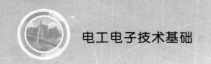

习题 5

一、选择题

1. 在 NPN 三极管组成的基本单管共射放大电路中，如果电路的其他参数不变，三极管的 β 增大时，I_B _____，I_C _____，U_{CE} _____。（a. 增大，b. 减小，c. 基本不变）

2. 在分压工作点稳定电路中，

（1）估算静态工作点的过程与基本单管共射放大电路 _____；（a. 相同；b. 不同）

（2）电压放大倍数 A_u 的表达式与基本单管共射放大电路 _____；（a. 相同；b. 不同）

（3）如果去掉发射旁路电容 C_E，则电压放大倍数 $|A_u|$ _____，输入电阻 R_i _____，输出电阻 R_o _____。（a. 增大；b. 减小；c. 基本不变）

3. 在 NPN 三极管组成的分压式工作点稳定电路中，如果其他参数不变，只改变某一个参数，分析下列电量如何变化。（a. 增大；b. 减小；c. 基本不变）

（1）增大 R_{B1}，则 I_B _____，I_C _____，U_{CE} _____，r_{BE} _____，$|A_u|$ _____。

（2）增大 R_{B2}，则 I_B _____，I_C _____，U_{CE} _____，r_{BE} _____，$|A_u|$ _____。

（3）增大 R_E，则 I_B _____，I_C _____，U_{CE} _____，r_{BE} _____，$|A_u|$ _____。

（4）换上大的三极管，I_B _____，I_C _____，U_{CE} _____，r_{BE} _____，$|A_u|$ _____。

4. 放大电路的输入电阻 R_i 愈 _____；由向信号源索取的电流愈小；输出电阻 R_O 愈 _____，则带负载能力愈强。（a. 大；b. 小）

5. 在阻容耦合单管共射放大电路中，电压放大倍数在低频段下降主要与 _____ 有关，在高频段下降主要与 _____ 有关。（a. 极间电容；b. 隔直电容）

6. 在阻容耦合单管共射放大电路中，如保持电路其他参数不变，只改变某一个参数，试分析中频电压放大倍数 A_{UM} 和上、下限频率 f_H、f_L 如何变化。（a. 增大；b. 减小；c. 基本不变）

（1）C_1 增大，则 A_{UM} _____，f_H _____，f_L _____。

（2）更换一个 f_T 较大的三极管，则 A_{UM} _____，f_H _____，f_L _____。

（3）R_B 增大，则 A_{UM} _____，f_H _____，f_L _____。

7. 在三种不同耦合方式的放大电路中，_____ 能够放大缓慢变化的信号，_____ 能够放大交流信号。能够实现阻抗，_____ 各级静态工作点互相独立，_____ 适于集成化。（a. 阻容耦合；b. 直接耦合；c. 变压器耦合）

8. 在多级大电路中，

（1）总的通频带比其中第一级的通频带 _____，（a. 宽；b. 窄）；

（2）总的下限频率 f_L _____ 每一级的下限频率，（a. 高于；b. 低于）；

（3）总的上限频率 f_H _____ 每一级的上限频率。（a. 高于；b. 低于）。

二、填空题

1. 在题图 1 中，当 $U_S=1\ V$，$R_S=1\ k\Omega$ 时，测得 $U_i = 0.6\ V$，则放大电路的输入电阻

$R_i =$ _____ kΩ。如果另一个放大电路的输入电阻 $R_i = 10$ kΩ，则当 $U_s = 1$ V，$R_s = 1$ kΩ 时，$U_i =$ _____ V。

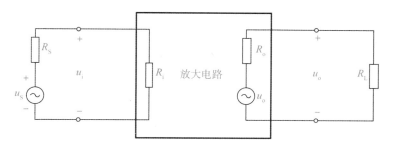

题图 1

2. 一个放大电路当负载电阻 $R_L = \infty$ 时，测得输出电压 $U_o = 1$ V，当接上负载电阻 $R_L = 10$ kΩ 时，$U_o = 0.5$ V，则该放大电路的输出电阻 $R_o =$ _____ kΩ。如果要求接上 $R_L = 10$ kΩ 后，$U_o = 0.9$ V，则放大电路和输出电阻应为 $R_o =$ _____ kΩ。

3. 在题图 2（a）和题图 2（b）两个放大电路中，已知三极管均为 $\beta = 50$，$r_{BE} = 0.7$ V，

（1）在题图 2（a）中，$I_B =$ _____ mA，$I_C =$ _____ mA，$U_{CE} =$ _____ V，$r_{BE} =$ _____ kΩ，$A_u =$ _____ ，$R_i =$ _____ kΩ，$R_o =$ _____ kΩ；

（2）在题图 2（b）中，$I_B =$ _____ mA，$I_C =$ _____ mA，$U_{CE} =$ _____ V，$r_{BE} =$ _____ kΩ，$A_u =$ _____ ，$R_i =$ _____ kΩ，$R_o =$ _____ kΩ。

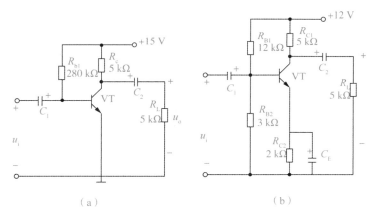

题图 2

4. 已知某单管共射放大电路的中频电压放大倍数 $A_{um} = 100$，下限频率 $f_L = 10$ Hz，上限频率 $f_H = 1$ MHz：

（1）该放大电路的中频对数增益 $|A_{um}|$ _____ dB；

（2）当 $f = f_L$ 时，$|A_u| =$ _____ ，相位移 $\varphi =$ _____ ；$f = f_H$ 时，$|A_u| =$ _____ ，相位移 $\varphi =$ _____ 。

5. 已知某两级放大电路中第一、二级的对数增益分别为 60 dB 和 20 dB。则第一、二级的电压放大倍数分别等于 _____ 和 _____ ，该放大电路总的对数增益为 _____ dB，其总的电压放大倍数等于 _____ 。

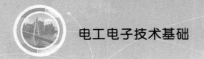
三、简答题

1. 试画出题图 3 中和电路的直流通路和交流通路。设和电路中的电容均足够大。

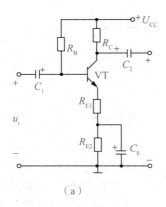

（a）

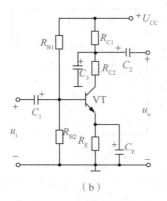

（b）

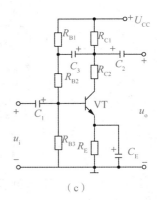

（c）

题图 3

2. 放大电路如题图 4（a），试按照题图 4（b）中所示三极管的输出特性曲线：

（1）曲线直流负载线；

（2）定出 Q 点（设 $U_{BE}=0.7$ V）；

（3）画出交流负载线。

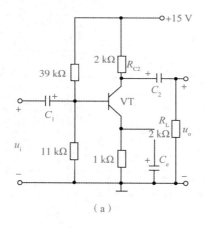

（a）

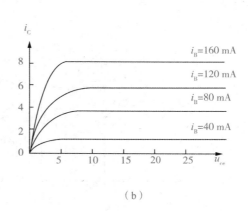

（b）

题图 4

3. 在题图 5 所示的射极输出器中，已知三极管的 $\beta=100$，$U_{BE}=0.7$ V，$r_{be}=1.5$ kΩ：

（1）试估算静态工作点；

（2）分别求出当 $R_L=\infty$ 和 $R_L=3$ kΩ 时放大电路的电压放大倍数 $A_u=\dfrac{U_o}{U_i}=$?

（3）估算该射极输出器的输入电阻 R_i 和输出电阻 R_o；

（4）如信号源内阻 $R_S=1$ kΩ；$R_L=3$ kΩ，则此时 $A_{US}=\dfrac{U_o}{U_S}=$?

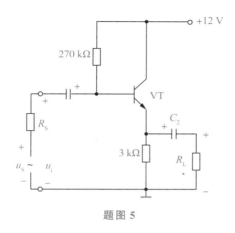

题图 5

4. 在题图 6 的电路中，已知静态时 $I_{C1} = I_{C2} = 0.65$ mA，$\beta_1 = \beta_2 = 29$：

（1）求 r_{BE1}。

（2）求中频时（C_1、C_2、C_3 可认为交流短路）第一级放大倍数 $A_{u1} = \dfrac{U_{C1}}{U_i}$。

（3）求中频时 $A_{u2} = \dfrac{U_o}{U_{B2}}$。

（4）求中频时 $A_u = \dfrac{U_o}{U_1}$。

（5）估算放大电路总的 R_i 和 R。

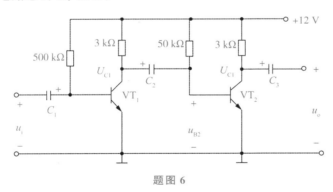

题图 6

5. 设三级放大器，测 $A_{u1} = 10$，$A_{u2} = 100$，$A_{u3} = 10$，问总的电压放大倍数是多少？若用分贝表示，求各级增益各等于多少？

6. 设三级放大器，各级电压增益分别为 20 dB、20 dB 和 20 dB，输入信号电压为 $u_i = 3$ mV，求输出电压 U_o 值为多少？

7. 某放大器不带负载时，测得其输出端开路电压 $U_o' = 1.5$ V，而带上负载电阻 5.2 kΩ 时，测得输出电压 $U_o = 1$ V，问该放大器的输出电阻值为多少？

8. 某放大器若 R_L 从 6 kΩ 变为 3 kΩ，输出电压 u_o 从 3 V 变为 2.4 V，求输出电阻。如果 R_L 断开，求输出电压值。

第6章 集成运算放大器

本章导读

　　集成运算放大器是一种高增益、高输入电阻、低输出电阻的通用性器件，具有通用性强、可靠性高、体积小、重量轻、功耗低、性能优越等特点。集成运算放大器实质上是一个高增益的直接耦合放大器。它有开环和闭环两种工作方式，其中闭环工作方式有负反馈闭环与正反馈闭环。线性工作时都接成负反馈闭环方式，正反馈闭环则多用于比较器与波形产生电路。

　　本章主要介绍集成运算放大器的基本知识、差分放大电路、理想放大器集成运算放大器的应用、集成运算放大器的非线性应用和非线性应用。

学习目标

➢ 掌握集成运算放大器的基本组成。
➢ 掌握运放运算放大器的使用技巧。
➢ 熟悉加、减运算电路。
➢ 了解一般单限比较器。

思政目标

➢ 鼓励学生勇于追求真理、探索未知，让学生深刻的认识到实践出真知的含义。
➢ 将理论知识与工程应用紧密结合，培养学生良好的工程素养。

6.1　集成运算放大器的基本知识

6.1.1　集成运算放大器的基本组成

　　集成运算放大器实质上是一个高电压增益、高输入电阻及低输出电阻的直接耦合多级放大电路，简称为集成运放。它的类型很多，为了方便通常将集成运算放大器分为通用型和专用型两大类。前者的适用范围广，其特性和指标可以满足一般应用要求；后者是在前者的基础上为适应某些特殊要求而制作的。不同类型的集成运放，电路也各不相同，但是结构具有共同之处。

图 6-1 为集成运放内部电路原理框图。它由四部分组成：输入级、中间级（电压放大级）、输出级和偏置电路。

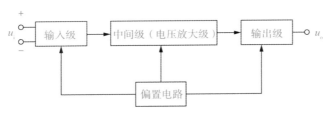

图 6-1 集成运算放大器组成框图

1. 输入级

对于高增益的直接耦合放大电路，减小零点漂移的关键在第一级，因此集成运放的输入级一般是由具有恒流源的差分放大电路组成的。利用差分放大电路的对称性，可以减小温度漂移的影响，提高整个电路的共模抑制比和其他方面的性能，并且通常工作在低电流状态，以获得较高的输入阻抗。它的两个输入端构成整个电路的反相输入端和同相输入端。

2. 中间级（电压放大级）

中间级（电压放大级）的主要作用是提高电压增益，大多采用由恒流源作为有源负载的共发射极放大电路，其放大倍数一般在几千倍以上。

3. 输出级

输出级应具有较大的电压输出幅度、较高的输出功率和较低的输出电阻，一般采用电压跟随器或甲乙类互补对称放大电路。

4. 偏置电路

偏置电路提供给各级直流偏置电流，使之获得合适的静态工作点。它由各种电流源电路组成。此外还有一些辅助环节，如电平移动电路、过载保护电路以及高频补偿环节等。

6.1.2 集成运算放大器的主要参数

集成电路性能的好坏常用一些参数来表征，其也是选用集成电路的主要依据。

1. 开环差模电压放大倍数 A_{od}

当集成运放工作在线性区时，输出开路时的输出电压 u_O 与输入端的差模输入电压 $u_{id} = (u_+ - u_-)$ 的比值称为开环差模电压放大倍数 A_{od}，目前高增益集成运放的 A_{od} 可达 10^7。

2. 输入失调电压 u_{iO} 及输入失调电压温度系数 a_{uiO}

为使运放输出电压为零，在输入端之间所加的补偿电压，称为输入失调电压 u_{iO}。u_{iO} 越小越好。a_{uiO} 是指在规定温度范围内，输入失调电压胡随随温度的变化率，即 $a_{uiO} = \dfrac{U_{iO}}{\Delta T}$ 一般集成运放的 a_{uiO} 小于（10～20）μV/°C。

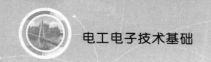

3. 输入失调电流 I_{Io} 及输入失调电流温度系数 a_{IIo}

当输入信号为零时，集成运放两输入端静态电流之差，称为输入失调电流 I_{Io}，即 $I_{Io} = I_{B+} - I_{B-}$，I_{Io} 愈小愈好。

失调电流温度系数 a_{IIo}，是指在保持恒定的输出电压下，输入失调电流的变化量与温度的变化量的比值，即 $a_{IIo} = \dfrac{I_{IO}}{\Delta T}$。

4. 共模抑制比 K_{CMR}

共模抑制比 K_{CMR} 定义同差动放大电路。若用分贝数表示时，集成运算的共模抑制比 K_{CMR} 通常为 $80 \sim 180$ dB。

5. 输入偏置电流 I_{IB}

当输入信号为零时，集成运放两输入端的静态电流 I_{E+} 和 I_{B-} 的平均值，称为输入偏置电流 I_{IB}，即 $I_{IB} = \dfrac{I_{B+} + I_{B-}}{2}$，这个电流也是愈小愈好，典型值为几百纳安。

6. 差模输入电阻 r_{id} 和输出电阻 r_{od}

差模输入电阻 r_{id} 是开环时输入电压变化量与它引起的输入电流的变化量之比，即从输入端看进去的动态电阻。r_{id} 一般为兆欧级。

输出电阻 r_{od} 是开环时输出电压变化量与它引起的输出电流的变化量之比，即从输出端看进去的电阻。r_{od} 越小，运放的带负载能力越强。

7. 最大差模输入电压 U_{idmax}

最大差模输入电压 U_{idmax} 是指集成运放对共模信号具有很强的抑制性能，但这个性能必须在规定的共模输入电压范围之内，若共模输入电压超出 U_{idmax}，则集成运放输入级就会击空而损坏。

8. 最大共模输入电压 U_{idmax}

集成运放对共模信号具有很强的抑制性能，但这个性能必须在规定的共模输入电压范围之内，若共模输入电压超出 U_{idmax}，集成运放的输入级就会不正常，K_{CMR} 将显著下降。

9. 最大输出电压幅度 U_{opp}

最大输出电压幅度 U_{opp} 是指能使输出电压与输入电压保持不失真关系的最大输出电压。

10. 静态功耗 P_{co}

静态功耗 P_{co} 是指不接负载且输入信号为零时，集成运放本身所消耗的电源总功率。P_{co} 一般为几十毫瓦。

6.1.3 集成运算放大器使用时应注意的问题

1. 根据实用电路要求，选择合适型号

集成运算放大器的种类繁多，按其性能不同来分类，除高益的通用型集成运放外，还有高输入阻抗、低漂移、低功耗、高速、高压、高精度和大功率等各种专用型集成运放。要根据实用电路的要求和整机特点，查集成运放有关资料，选择额定值、直流参数和交流特性参数都符合要求的集成运放。

2. 正确连线

按各类运放的外形结构特点、型号和管脚标记，看清它的引线，明了各管脚作用，正确进行连线。目前集成运放的常见封装方式有金属壳封装和双列直插式封装，外型如图 6-2 所示。以双列直插式居多，有 8、10、12、14、16 管脚等种类。虽然它们的外引线排列日趋标准化，但各制造商仍略有区别。因此，使用前必须查阅有关资料，以便正确连线。

（a）金属壳集成电路的外形　　（b）双列直插式集成电路的外形

图 6-2　集成电路的外形

3. 使用前应对所选的集成运放进行参数测量

使用运放之前往往要用简易测试法判断其好坏，如用万用表欧姆（×100 Ω 或 ×10 Ω）对照管脚测试有无短路和断路现象，必要时还可以采用测试设备测量运放的主要参数。

4. 要注意调零及消除自激振荡

由于失调电压及失调电流的存在，输入为零时输出往往不为零，此时一般需外加调零电路。为防止电路产生自激振荡，应在运放电源端加上去耗电容，有的运放还需外接频率补偿电路。

6.1.4　运放运算放大器的使用技巧

每一种型号的运算放大器都有它确定的性能指标，但在某些具体场合使用时，可能某一项或两项指标不满足使用要求。在这种情况下可以在运放的外围附加一些元件，来提高电路的某些指标，这就是运放的使用技巧。

1. 提高输出电压

除高压运放外，一般运放的最大输出电压在供电压为 ±15 V 时，仅有 ±12 V 左右。这在高保真音响电路和自动控制电路中均不能满足要求。这时可采用提高输出电压的方法将输出电压幅度扩展。图 6-3 为最简单的扩展输出电压的方法。

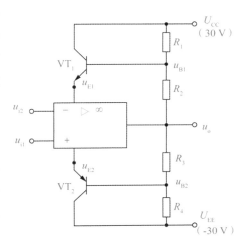

图 6-3　简单输出扩展电压电路

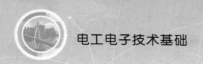

2. 增大输出电流

集成运放的输出电流一般在 ± 10 mA 以下，要想扩大输出电流，最简单的方法是在运放输出加一级射极输出器。图 6-4 为双极性输出时的电流扩展电路。当输出电压为正时，VT_1 导通，VT_2 截止；输出电压为负时，VT_1 截止，VT_2 导通。由于有射极输出器的电流放大作用，使输出电流得到扩展。电路中两只二极管的作用是给 VT_1、VT_2 提供合适的直流偏压，以消除交越失真。

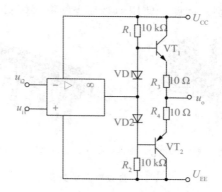

图 6-4　双极性输出时的电流扩展电路

6.1.5　理想运放

为简化分析，人们常把集成运放理想化。理想运放电路符号如图 6-5 所示，它与一般运放的区别是多了个"∞"符号。

1. 理想运放的主要条件

（1）开环差模电压放大倍数 $A_{od} \rightarrow \infty$。

（2）开环差模输入电阻 $r_{id} \rightarrow \infty$。

（3）共模抑制比 $K_{CMR} \rightarrow \infty$。

（4）开环输出电阻 $r_o = 0$。

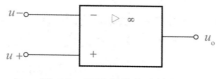

图 6-5　理想运放电路符号

2. 理想运放的特点

工作在线性放大状态的理想运放具有以下两个重要特点。

（1）"虚短"。对于理想运放，由于 $A_{od} \rightarrow \infty$ 而输出电压 u_o 总为有限值，根据 $A_{od} = u_{id}/u_O$ 可知 $u_{id} = 0$ 或 $u_+ = u_-$，也即理想运放两输入端电位相等，相当于两输入端短路，但又不是真正的短路，故称为"虚短"。

（2）"虚断"。由于理想运放的 $r_{id} \rightarrow \infty$，流经理想运放两输入端的电流 $i_+ = i_- = 0$，相当

于两输入端断开，但又不是真正的断开，故称为"虚断"，仅表示运放两输入端不取电流。"虚短"和"虚断"示意图如图 6-6 所示。

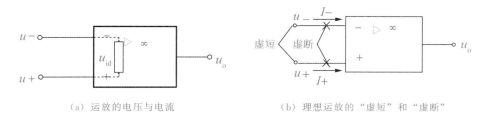

（a）运放的电压与电流　　　　（b）理想运放的"虚短"和"虚断"

图 6-6　"虚短"和"虚断"示意图

6.2　差分放大电路

　　一个理想的直接耦合放大电路，当输入信号为零时，其输出电压应保持不变。实际上，把直接耦合放大电路的输入端短接，在输出端也会偏离初始值，有一定数值的无规则缓慢变化的电压输出，这种现象称为零点漂移，简称零漂。

　　引起零点漂移的原因很多，如晶体管参数随温度的变化、电源电压的波动、电路元件参数变化等，其中以温度变化的影响最为严重，所以零点漂移也称温漂。在多级直接耦合放大电路的各级漂移中，又以第一级的漂移影响最为严重。由于直接耦合，在第一级的漂移被逐级传输放大，级数越多，放大倍数越高，在输出端产生的零点漂移越严重。由于零点漂移电压和有用信号电压共存于放大电路中，在输入信号较小时，放大电路就无法正常工作。因此，减小第一级的零点漂移，成为多级直接耦合放大电路一个至关重要的问题。差分放大电路利用两个型号和特性相同的三极管来实现温度补偿，是直接耦合放大电路中抑制零点漂移最有效的电路结构。由于它在电路和性能等方面具有许多优点，因而被广泛应用于集成电路中。

6.2.1　基本差分放大电路

1. 电路组成及特点

　　图 6-7 为基本差分放大电路。其中 $R_{c1} = R_{c2} = R_c$，$R_{b1} = R_{b2} = R_b$，VT_1 和 VT_2 是两个型号、特性、参数完全相同的晶体管，信号从两管的基极输入（称为双端输入），从两管的集电极输出（称为双端输出）。

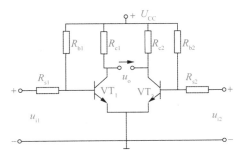

图 6-7　基本差分放大电路

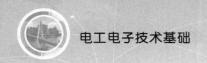

2. 零点漂移的抑制

静态时，即 $u_{i1} = u_{i2} = 0$ 时，放大电路处于静态。由于电路完全对称，两三极管集电极电位 $U_{c1} = U_{c2}$，则输出电压 $U_o = U_{c1} - U_{c2} = 0$。

当温度变化时，两三极管集电极电流 I_{c1} 和 I_{c2} 同时增加，集电极电位 U_{c1} 和 U_{c2} 同时下降，且 $\Delta U_{c1} = \Delta U_{c2}$，$u_o = (U_{c1} + \Delta U_{c1}) - (U_{c2} + \Delta U_{c2}) = 0$，故输出端没有零点漂移，这就是差分放大电路抑制零点漂移的基本原理。

3. 差模信号与差模放大倍数

一对大小相等、极性相反的信号称为差模信号。在差分放大电路中，两输入端分别加入一对差模信号的输入方式，称为差模输入。两个差模信号分别用 u_{id1} 和 u_{id2} 表示，$u_{id1} = -u_{id2}$。因此差模输入时，有 $u_{i1} = u_{id1}$，$u_{i2} = u_{id2} = -u_{id1}$。由于两管电路对称，两输入端之间的电压 $u_{id} = u_{id1} - u_{id2} = 2u_{id1} = -2u_{id2}$。$u_{id}$ 称为差模输入电压，此时差动放大器的输出电压称为差模输出电压 u_{od}。且有 $u_{od} = u_{c1} - u_{c2}$。

差模电压放大倍数 $A_{ud} = \dfrac{u_{od}}{u_{id}} = \dfrac{u_{c1} - u_{c2}}{u_{id1} - u_{id2}} = -\dfrac{\beta R_{c1}}{r_{be1}} = A_{u1}$，其中 A_{u1} 为单管共射放大电路的电压放大倍数。

4. 共模信号与共模放大倍数

一对大小相等、极性相同的信号称为共模信号。在差分放大电路中，两输入端分别接入一对共模信号的输入方式，称为共模输入。共模信号用 u_{ic} 表示。因此共模输入时，有 $u_{i1} = u_{i2} = u_{ic}$，此时差动放大器的输出电压称为共模输出电压 u_{oc}。

在共模信号作用下，由于电路完全对称，输出电压 $u_{oc} = 0$，共模电压放大倍数 $A_{uc} = \dfrac{u_{oc}}{u_{ic}} = 0$。对于零点漂移现象，实际上可等效为共模信号的作用，所以对零点漂移的抑制即是对共模信号的抑制。

5. 共模抑制比 k_{CMR}

为了更好地表征电路对共模信号的抑制能力，引入共模抑制比 k_{CMR}

$$k_{CMR} = \left| \frac{A_{ud}}{A_{uc}} \right| \tag{6-1}$$

K_{CMR} 越大，差动放大电路抑制共模信号的能力越强。

综上所述，电路对共模信号无放大作用，只对差模信号才有放大作用，故称此电路为差分放大电路，也即输入有差别；输出就变动，输入无差别，输出就不动简称差放。

6.2.2　典型差分放大电路

基本差分放大电路只在双端输出时才具有抑制零漂的作用，而对于每个三极管的集电极电位的漂移并未受到抑制，如果采用单端输出（输出电压从一个管的集电极与"地"之间取出），漂移仍将存在，采用典型差分放大电路，便能很好地解决这一问题。

1. 电路组成与静态分析

典型差分放大电路如图 6-8 所示，电路由两个对称的共射电路通过公共的发射极电阻 R_e

相耦合，故又称为射极耦合差分放大电路。电路由正负电源供电。

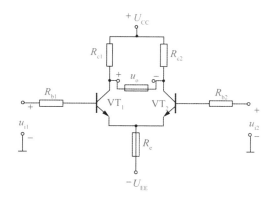

图 6-8　典型的差分放大电路

典型差放的直流通路如图 6-9 所示，由于电路对称，即 $R_{c1}=R_{c2}=R_c$，$R_{b1}=R_{b2}=R_b$，$U_{BE1}=U_{BE2}=U_{BE}$，$\beta_1=\beta_2=\beta$，$I_{BI} \cdot R_b+U_{BE}+2I_{EI} \cdot R_e=U_{EE}$。

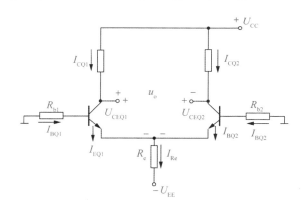

图 6-9　典型差放的直流通路

若 R_e 较大，且满足 $2(1+\beta)R_e>R_{b1}$，又 $U_{EE}>>U_{BE}$，则

$$I_{c1}=I_{c2}\approx I_{EI}=\frac{U_{EE}-U_{BE}}{2R_e+\dfrac{R_b}{(1+\beta)}}\approx\frac{U_{EE}-U_{BE}}{2R_e}\approx\frac{U_{EE}}{2R_e} \qquad (6-2)$$

$$I_{B1}=I_{B2}=\frac{I_{c1}}{\beta} \qquad (6-3)$$

$$U_{CE1}=U_{CE2}=U_{C1}-U_{E1}=(U_{CC}-I_{C1}\cdot R_c)-(-U_{BE}-I_{B1}\cdot R_b)$$
$$=U_{CC}-I_{C1}\cdot R_e+U_{BE}+I_{B1}\cdot R_b \qquad (6-4)$$

2. 动态分析

（1）双端输入、双端输出差模特性，如图 6-10 所示，u_i 加在差放两输入端之间（双端输入），即 $u_{id}=u_i$，对地而言，两管输入电压是一对差模信号，即 $u_{id1}=-u_{id2}=u_{id}/2$。输出负载 R_L 接在两管集电极之间（双端输出），有 $u_{od}=u_o$。当差模输入时，VT$_1$、VT$_2$ 的发射极电流同时流过 R_e，且大小相等方向相反，在 R_e 上的作用相互抵消，R_e 可看做短路。每管的

交流负载 $R'_L = R_C // \dfrac{R_L}{2}$ ，故双端输出时，差模电压放大倍数为

$$A_{ud} = \frac{u_{od}}{u_{id}} = \frac{u_{od1} - u_{od2}}{u_{id1} - u_{id2}} = \frac{2u_{od1}}{2u_{id1}} = A_{u1} = -\frac{\beta R'_L}{R_{b1} + r_{be}} \tag{6-5}$$

由此可知，双端输出的差分放大电路的电压放大倍数和单管共射放大电路的电压放大倍数相同。

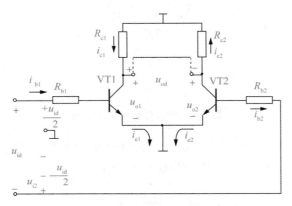

图 6-10 双端输入、双端输出差模特性

电路的输入电阻 R_{id} 则是从两个输入端看进去的等效电阻。由图 6-10 可知

$$R_{id} = 2 \ (R_b + r_{be}) \tag{6-6}$$

电路输出电阻为
$$R_o = 2R_c \tag{6-7}$$

（2）双端输入、双端输出共模特性，如图 6-11 所示。由于电路对称，在共模信号作用下，VT_1、VT_2 管的发射极电流同时流过 R_e，且大小相等方向相同，R_e 上的电流为 $2i_e$。对于每个管子而言，相当于发射极接了一个 $2R_e$ 的电阻。而同时两管集电极产生的输出电压大小相等，极性相同，从而流过 R_L 的电流为零，$u_{oe} = u_{c1} - u_{c2} = 0$。

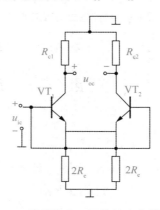

图 6-11 双端输入、双端输出共模特性

因此

$$A_{uc} = \frac{u_{oc}}{u_{ic}} = 0 \tag{6-8}$$

在实际电路中，两管不可能完全对称，因此 u_{oc} 不完全为零，但要求 u_{oc} 越小越好。

【例 6-1】 图 6-11 中若 $U_{CC}=U_{EE}=12$ V，$R_{b1}=R_{b2}=1$ kΩ，$R_{c1}=R_{c2}=10$ kΩ，$R_L=10$ kΩ，求：（1）放大电路的静态工作点；（2）放大电路的差模电压放大倍数 A_{ud}，差模输入电阻 R_{id} 和输出电阻 R_o。

【解】（1）求静态工作点

$$I_{c1}=I_{c2}\approx I_{E1}=\frac{U_{EE}-U_{BEQ}}{\dfrac{R_b}{1+\beta}+2R_e}=\frac{12-0.7}{\dfrac{1}{50+1}+2\times10}\approx0.57(\text{mA})$$

$$I_{B1}=I_{B2}=\frac{I_{c1}}{\beta}=11.3(\mu A)$$

$$U_{CE1}=U_{CE2}=U_{C1}-U_{E1}=(U_{CC}-I_{C1}\cdot R_{c1})-(-I_{B1}\cdot R_{b1}-U_{BEQ})$$
$$=12-0.56410+0.01131+0.7\approx7.1(\text{V})$$

（2）求 A_{ud}、R_{id} 及 R_o

$$r_{be}=r_{bb}+(1+\beta)\frac{U_T}{I_{EI}}=300+(1+50)\frac{26}{0.546}\approx2.65(\text{k}\Omega)$$

$$R'_L=R_C//(\frac{R_L}{2})=\frac{10\times5}{10+5}=3.3(\text{k}\Omega)$$

$$A_{ud}=-\frac{\beta R'_L}{R_{b1}+r_{be}}=-\frac{50\times3.3}{1+2.65}\approx-45.2$$

$$R_{id}=2(R_b+r_{be})=7.3(\text{k}\Omega)$$

$$R_o=2R_c=20(\text{k}\Omega)$$

【例 6-2】 已知差动放大电路的输入信号 $u_{i1}=1.01$ V，$u_{i2}=0.99$ V，试求：差模和共模输入电压；若 $A_{ud}=-50$，$A_{uc}=-0.05$，试求该差动放大电路的输出电压 u_o 及 k_{CMR}。

【解】（1）求差模和共模输入电压

差模输入电压 u_{id}

$$u_{id}=u_{i1}-u_{i2}=1.01-0.99=0.02(\text{V})$$

因此 VT_1 管的差模输入电压等于 $\frac{u_{id}}{2}=0.01$ V，VT_2 管的差模输入电压等于 $\frac{u_{id}}{2}=0.01$ V

共模输入电压 u_{ic}

$$u_{ic}=\frac{1}{2}(u_{i1}+u_{i2})=\frac{1}{2}(1.01+0.99)=1(\text{V})$$

（2）求输出电压 u_o 及 k_{CMR}

差模输出电压 u_{od}

$$u_{od}=A_{ud}u_{id}=-50\times0.02=-1(\text{V})$$

共模输出电压 u_{oc}

$$u_{oc}=A_{uc}u_{ic}=-0.05\times1=-0.05(\text{V})$$

输出电压 u_o

$$u_o=u_{od}+u_{oc}=A_{ud}u_{id}+A_{uc}u_{ic}=-1-0.05=-1.05(\text{V})$$

共模抑制比 k_{CMR}

$$k_{CMR}=20\lg\left|\frac{A_{ud}}{A_{uc}}\right|=20\lg\frac{50}{0.05}=20\lg1\,000=60(\text{dB})$$

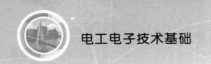
6.3 集成运算放大器的线性应用

集成运放的应用首先表现在它能构成各种运算电路图，并因此而得名。集成运放的线性应用用于各种运算电路、放大电路等。在运算电路中，以输入电压作为自变量，以输出电压作为函数；当输入电压变化时，输出电压将按一定的数学规律变化，即输出电压反映输入电压某种运算的结果。因此集成运放必须工作在线性区、深度负反馈条件下，利用反馈网络能实现如比例、加减、积分、微分、指数、对数及乘除等数学运算。

6.3.1 比例运算电路

数学中 $y＝kx$ （k 为比例常数）称为比例运算。在电路中则可通过 $u_o＝ku_i$ 来模拟这种运算，比例常数 k 为电路的电压放大系数 A_{uf}。

1. 反相比例运算电路

反相比例运算电路，如图 6-12 所示。图 6-12 中 R_f 是反馈电阻，引入了电压并联负反馈，R 是计及信号源内阻的输入回路电阻。由 R_f 和 R 共同决定反馈的强弱。R' 为补偿电阻。以保证集成运放输入级差分放大电路的对称性，其值为 $u_i＝0$（即输入端接地）时反相输入端总等效电阻，即 $R'＝R//R_f$。

根据理想运放的特点有如下结论

$$u+＝u-＝0 \tag{6-9}$$

$$i+＝i-＝0 \tag{6-10}$$

节点 N 的电流方程为

$$i_R＝i_f+i_-＝0$$

$$\frac{U_i-U_-}{R}＝\frac{U_--U_o}{R_f}+0$$

由于 N 点为虚地，整理得出

$$u_o＝-\frac{Rf}{R} \cdot u_i \tag{6-11}$$

即 u_o 与 u_i 成比例关系，比例系数为 $-R_f/R$，负号表示 u_o 与 u_i 反相，比例系数的数值可以是大于、等于和小于 1 的任何值。若 $R＝R_f$，则构成一个反相器。

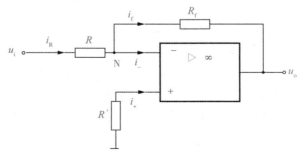

图 6-12 反相比例运算电路

【例 6-3】由理想集成运算放大器所组成的放大电路，如图 6-13 所示，试求 u_o 与 u_i 之比值。

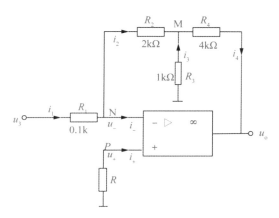

图 6-13　例 6-3 电路图

【解】根据理想运放工作在线性区的特点，N 点为虚地，则有

$$\frac{u_i}{R1} = \frac{-u_M}{R_2} \quad 即 \quad u_M = -\frac{R_2}{R_1} \cdot u_i$$

而流过 R_3 和 R_s 的电流为

$$i_3 = -\frac{u_M}{R_3} = \frac{R_2}{R_1 R_3} u_i$$

$$i_4 = i_2 + i_3$$

输出电压 $u_o = -i_2 R_2 - i_4 R_4$

将各电流表达式代入上式，整理可得

$$\frac{u_o}{u_i} = \frac{R_2 + R_4}{R_1}\left[1 + \frac{R_2 \cdot R_4}{(R_2 + R_4) \cdot R_3}\right] = -140$$

图 6-13 电路中 R_2、R_3、R_4 构成一 T 型网络电路，可用来提高反相比例运算电路的输入电阻即在 R 较大的情况下，保证有足够大的比例系数，同时反馈网络的电阻也不需很大。

2. 同相比例运算电路

同相比例运算电路如图 6-14 所示。电路引入了电压串联负反馈。

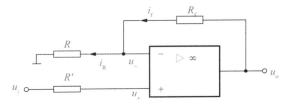

图 6-14　同相比例运算电路

根据"虚短"和"虚断"的概念，有

$$u_+ = u_- = u_i$$

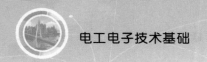
而 $i_R = i_f$，则有

$$\frac{u_- - 0}{R} = \frac{u_o - u_-}{R_f}$$

即
$$u_o = (1 + \frac{R_f}{R})u_- = (1 + \frac{R_f}{R})u_+ = (1 + \frac{R_f}{R})u_i \qquad (6\text{-}12)$$

式（6-12）表明 u_o 与 u_i 同相且 u_o 大于 u_i。

特别注意的是，同相比例运算电路中反相输入端 N 不是虚地点，由于 $u_+ = u_- = u_i$，即共模电压等于输入电压。

由式 6-12 不难看出，若将 R 开路即 $R \to \infty$ 时，只要 R_f 为有限值（包括零），则 $u_o = u_i$。说明 u_o 与 u_i 大小相等，相位相同，这就构成了电压跟随器。图 6-15 为电压跟随器的典型电路。由于集成运放性能优良，用它构成的电压跟随器不仅精度高，而且输入电阻大、输出电阻小。通常用作阻抗变换器和缓冲级。

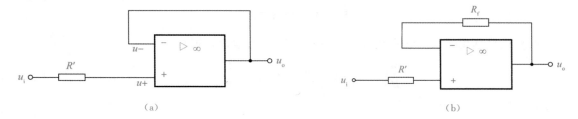

图 6-15　电压跟随器的典型电路

【例 6-4】图 6-16 由理想集成运算放大器所构成的电路中，若 $R_1 = R_f$、$R_2 = R_3$，求输出电流 i_L 与输入电压 u_i 的关系。

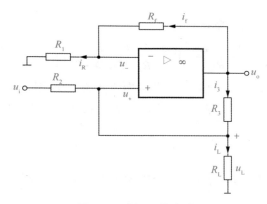

图 6-16　例 6-4 的电路

【解】比较图 6-15 和图 6-16 所示电路不难发现，它们都是同相比例运算电路。利用式（6-12）和节点 P 的电流方程则有

$$u_o = (1 + \frac{R_f}{R_1})u_+ = (1 + \frac{R_f}{R_1})u_L \qquad (6\text{-}13)$$

$$i_L = i_2 + i_3 = \frac{u_i - u_L}{R_2} + \frac{u_o - u_L}{R_3} \qquad (6\text{-}14)$$

将（6-13）代入（6-14）得

$$i_L = \frac{u_i - u_L}{R_2} + \frac{(1 + \frac{R_f}{R_1})u_L - u_L}{R_3} = \frac{u_i}{R_2}$$

由此可见，负载中电流 i_L 与输入电压 u_i 成正比。

6.3.2　加、减运算电路

实现多个输入信号按各自不同的比例求和或求差的电路统称为加减运算电路，若所有输入信号均作用于集成运放的同一个输入端，则实现加法运算；若一部输入信号作用于同相输入端，而另一部分输入信号作用于反相输入端或将多个运放组合起来应用则能实现加、减运算。

1. 求和运算电路

（1）反相求和运算电路。反相求和运算电路的多个输入信号均作用于集成运放的反相输入端，图 6-17 为实现三个输入电压反相求和运算的电路。

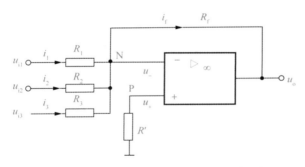

图 6-17　实现三个输入电压反相求和运算的电路

图 6-17 中的平衡电阻

$$R' = R_1 // R_2 // R_3 // R_f \tag{6-15}$$

根据电路结构和"虚地"概念，得出：$u+ = u- = 0$

反相输入端 N 点为零电位。

根据节点电流定律，有

$$i_f = i_1 + i_2 + i_3 \tag{6-16}$$

即有

$$\frac{-u_f}{R_f} = \frac{u_{i1}}{R_1} + \frac{u_{i2}}{R_2} + \frac{u_{i3}}{R_3}$$

所以

$$u_o = -(\frac{R_f}{R_1}u_{i1} + \frac{R_f}{R_2}u_{i2} + \frac{R_f}{R_3}u_{i3}) \tag{6-17}$$

从而实现了 u_{i1}、u_{i2}、u_{i3} 按一定比例反相相加，比例系数取决于反馈电阻与各输入回路电阻之比值，而与集成运算放大器本身参数无关，稳定性极高。

若取：$R_1 = R_2 = R_3 = R$

$$u_o = -\frac{R_f}{R}(u_{i1} + u_{i2} + u_{i3})s$$

又满足 $R_f = R$ 时，则

$$u_o = -(u_{i1} + u_{i2} + u_{i3})$$

如果在图 6-17 的输出端再接一般反相器，可以消去负号，实现完全符合常规的算术加法运算。

对于多输入的电路除了用上述节点电流法求解运算关系外，还可以利用叠加定理得到所有信号共同作用时输出电压与输入电压的运算关系。

（2）同相求和运算电路。当多个输入信号同时作用于集成运放的同相输入端时，应构成同相求和运算电路，如图 6-18 所示。

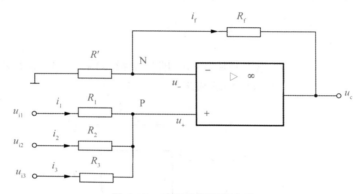

图 6-18 同相求和运算电路

由于 $u_o = (1 + R_f/R')U_+$，只要能求出 u_+ 与 u_{i1}、u_{i2}、u_{i3} 之间的关系，便能得到 u_o 与 u_{i1}、u_{i2}、u_{i3} 之间关系。

根据"虚断"概念，于是有：$i_1 + i_2 + i_3 = 0$

即有

$$\frac{u_{i1} - u_+}{R_1} + \frac{u_{i2} - u_+}{R_2} + \frac{u_{i3} - u_+}{R_3} = 0$$

移项整理可得

$$u_+ = \frac{1}{\frac{1}{R_1} + \frac{1}{R_2} + \frac{1}{R_3}}(\frac{u_{i1}}{R_1} + \frac{u_{i2}}{R_2} + \frac{u_{i3}}{R_3})$$

$$= (R_1//R_2//R_3)(\frac{u_{i1}}{R_1} + \frac{u_{i2}}{R_2} + \frac{u_{i3}}{R_3})$$

考虑至平衡条件应满足：$R_1//R_2//R_3 = R'//R_f$ 　　　　　　　　　　　　　　（6-18）

$$u_o = (1 + \frac{R_f}{R_1})u_f$$

$$= (1 + \frac{R_f}{R})(R'//R_f)(\frac{u_{i1}}{R_1} + \frac{u_{i2}}{R_2} + \frac{u_{i3}}{R_3})$$

$$= R_f(\frac{u_{i1}}{R_1} + \frac{u_{i2}}{R_2} + \frac{u_{i3}}{R_3})$$ 　　　　　　　　　　　　　　　　　　（6-19）

从而实现了 u_{i1}、u_{i2}、u_{i3} 按一定比例同相相加，比例系数也是取决于反馈电阻与各输入回路电阻之比值。但在同相加法运算电路中若调节某一输入回路以改变该路的比例系数时，还必须改变 R' 以满足式（6-18）的平衡要求，所以不如反相求和运算电路调节方便。

2. 加减运算电路

由比例运算电路、求和运算电路的分析可知，输出电压与反相输入端信号极性相反，与同相输入端输入电压极性相同，因而如果多个信号同时作用于两个输入端时，那么必然可以实现加减运算。图 6-19 为四个输入的加减运算电路。

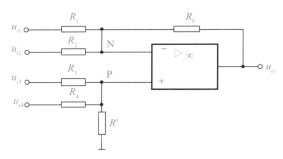

图 6-19　四个输入的加减运算电路

图 6-19 中 $R_1 // R_2 // R_f = R_3 // R_4 // R'$ 以满足平衡条件要求。利用叠加定理很容易求得 u_o 与 u_{i1}、u_{i2}、u_{i3} 各 u_{i4} 之间的关系。

当 u_{i3}、u_{i4} 短路时

$$u_{o1} = R_f \left(\frac{u_{i1}}{R_1} + \frac{u_{i2}}{R_2} \right) \tag{6-20}$$

当 u_{i1}、u_{i2} 短路时

$$u_{o2} = R_f \left(\frac{u_{i3}}{R_3} + \frac{u_{i4}}{R_4} \right) \tag{6-21}$$

当 U_{i1}、U_{i2}、U_{i3}、U_{i4} 共同作用时

$$u_o = u_{o1} + u_{o2} = \left(\frac{u_{i1}}{R_3} + \frac{u_{i2}}{R_4} - \frac{u_{i1}}{R_1} - \frac{u_{i2}}{R_2} \right) R_f \tag{6-22}$$

若又满足 $R_f = R_1 = R_2 = R_3 = R_4$ 时，则

$$u_o = u_{i3} + u_{i4} - u_{i1} - u_{i2} \tag{6-23}$$

从而实现了加、减法运算。如果电路有两个输入，且参数对称，如图 6-20 所示，则

$$u_o = \frac{R_f}{R} (u_{i2} - u_{i1}) \tag{6-24}$$

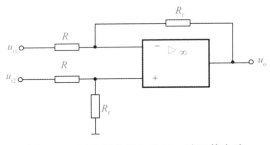

图 6-20　只有两个输入的加、减运算电路

电路实现了对输入差模信号的比例运算，此种形式的电路广泛用于测量电路和自动控制系统中，用它来对两输入信号的差值进行放大而不反映输入信号本身的大小。

在使用单个集成运放构成加减运算电路时存在两个缺点，一是电阻的选取和调整不方便，二是对于每个信号源，输入电阻均较小。因此，必要时可采用两级电路。

【例 6-5】设计一个运算电路，要求输出电压和输入电压的运算关系式为 $u_o = 10u_{i1} - 5u_{i2} - 4u_{i3}$。

【解】根据已知的运算关系式，当采用单个集成运放构成电路时，u_{i1} 应作用于同相输入端，而 u_{i2} 和 u_{i3} 应作用于反相输入端，电路如图 6-21 所示。

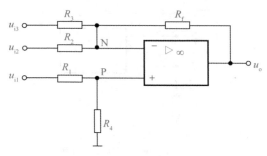

图 6-21　例 6-5 的电路

现选取 $R_f = 100 \text{ k}\Omega$，若 $R_2 // R_3 // R_f = R_1 // R_4$

则
$$u_o = R_f \left(\frac{u_{i1}}{R_1} + \frac{u_{i2}}{R_2} - \frac{u_{i3}}{R_3} \right)$$

因为 $R_f / R_1 = 10$，故 $R_1 = 10 \text{ k}\Omega$；$R_f / R_2 = 5$，则 $R_2 = 20 \text{ k}\Omega$，同理 $R_3 = 25$（$\text{k}\Omega$）

而 $\frac{1}{R_3} + \frac{1}{R_2} + \frac{1}{R_f} = \frac{1}{R_4} + \frac{1}{R_1}$，$\frac{1}{R_4} = 0 \text{ k}\Omega^{-1}$，则 $R_4 \to \infty$。

故可省去 R_4。所设计电路如图 6-22 所示。

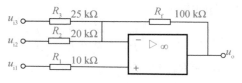

图 6-22　例 6-5 的实际电路

若采用两级电路来实现也可以有多种方法，如图 6-23 所示。电路中电阻参数由用户决定，如对输入电阻有要求也可采用同相输入方式。若采用反相输入方式则电阻参数容易确定。

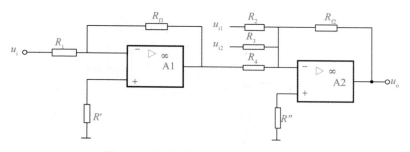

图 6-23　用两级运算实现例 6-5 的电路

【例 6-6】 图 6-24 所示电路中的集成运放 A_1、A_2 都具有理想特性，试求输出电压的表达式。当满足平衡条件时，R' 和 R'' 各等于多少？

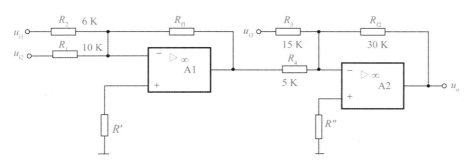

图 6-24　例 6-6 的电路

【解】 利用叠加定理分别求出，u_{o1}、u_o

$$u_{o1} = -R_{f1}\left(\frac{u_{i1}}{R_1} + \frac{u_{i2}}{R_2}\right)$$

$$u_o = -R_{f2}\left(\frac{u_{o1}}{R_4} + \frac{u_{i3}}{R_3}\right)$$

所以

$$u_o = R_{f2}\left[\frac{R_{f1}}{R_4}\left(\frac{u_{i1}}{R_1} + \frac{u_{i2}}{R_2}\right) - \frac{u_{i3}}{R_3}\right] = 9u_{i1} + 15u_{i2} - 2u_{i3}$$

当满足平衡条件时，同相输入端和反相输入端对地等效电阻相等，所以

$$R' = R_1 // R_2 // R_{f1} = 3(\text{k}\Omega)$$

$$R'' = R_3 // R_4 // R_{f2} = 3.3(\text{k}\Omega)$$

6.3.3 微分和积分运算电路

微分和积分运算互为逆运算。在自控系统中，常用微分电路和积分电路作为调节环节；此外它们还广泛应用于波形的产生和变换以及仪器仪表中。以集成运放作为放大器，用电阻和电容作为反馈网络，利用电容器充电电流与其端电压的关系，可实现微分和积分运算。

1. 微分运算电路

如果将反相比例运算电路中 R 换成电容 C，则构成微分运算的基本电路形式如图 6-25 所示。由"虚短"和"虚断"概念可知，流过电容 C 和反馈电阻 R 中的电流相等，其值为

$$i = C \cdot \frac{\mathrm{d}u_i}{\mathrm{d}t} \tag{6-25}$$

输出电压 u_o 为

$$u_o = -iR = -RC \cdot \frac{\mathrm{d}u_i}{\mathrm{d}t} \tag{6-26}$$

式 (6-26) 表明输出电压与输入电压的微分成正比，RC 为微分时间常数，负号表示 u_o 与 u_i 反相。

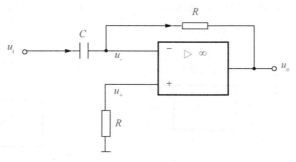

图 6-25 微分运算电路

图 6-26 为一个实用的微分运算电路，图中 R_1 限制输入电流，并联的稳压二极管起限制输出电压的作用，电容 C_1 起相位补偿作用，提高电路的稳定性。

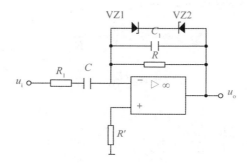

图 6-26 实用的微分运算电路

微分运算电路除作为微分运算外，在脉冲数字电路中常用作波形变换。例如，将矩形波变换为尖顶脉冲波。

2. 积分运算电路

积分运算电路是将微分运算电路中的电阻和电容交换位置而构成的，如图 6-27 所示。

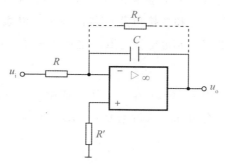

图 6-27 积分运算电路

利用"虚短"和"虚断"概念并设电容 C 上的初始电压为零，则电容 C 将以电流 $i = u_i / R$ 进行充电。于是

$$u_o = -u_c = -\frac{1}{C}\int i \cdot dt = -\frac{1}{RC}\int u_i \cdot dt \qquad (6-27)$$

式（6-27）表明，输出电压与输入电压的积分成正比。负号表示 u_o 与 u_i 的相位相反。

运算放大器除了可以实现比例、加减、微分、积分等数学运算外，若改变反馈网络中元件的性质及将各种运算电路进行不同的组合还可实现指数、对数运算、乘除运算及乘方、开方运算等。

6.4　集成运算放大器的非线性应用——电压比较器

电压比较器是用来对输入信号（被测信号）u_i 和给定参考电压（基准电压）u_{REF} 进行比较，并根据比较结果输出相应的高电平电压 U_{OM} 或低电平电压 $-U_{OM}$，不输出中间其他数值电压的电子装置，实际上也是把模拟信号的放大电路和逻辑电平的变换电路结合在一起的一种电路。所以它也是模拟量与数字量的接口电路，主要用于电平比较。因此，在自动控制、测量、波形产生、变换和整形等方面，电压比较器都有广泛的用途。

电压比较器有过零比较器和一般单限比较器两种，只有一个门限电压的比较器称为单限比较器。

6.4.1　过零比较器

所谓过零比较器就是参考电压为零。待比较电压（输入信号）和零参考电压（基准电压）在输入端进等比较，输出端得到比较后的电压。电路如图 6-28 所示。

集成运放工作在开环状态，根据运放工作在非线性的特点，输出电压为 $\pm U_{OM}$。当输入电压 $u_i<0$ 时，$u_o=+U_{OM}$；当 $u_i>0$ 时 $u_o=-U_{OM}$。因此，电压传输特性如图 6-28（a）所示。若想获得 u_o 跃变方向相反的电压传输特性，则应在图 6-28（a）中将反相输入端接地而在同相输入端接输入电压。

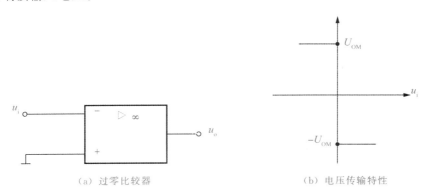

（a）过零比较器　　　　　　　　　　（b）电压传输特性

图 6-28　过零比较器及其电压传输特性

为了限制集成运放的差模输入电压，保护其输入级，可加二级管限幅电路如图 6-29 所示。在实用电路中为了满足负载的需要，常在集成运放的输出端加稳压管限幅电路，从而获得合适的 U_{OL} 和 U_{OH}，如图 6-30（a）所示。图中 R 为限流电阻，两只稳压管的稳定电压均应

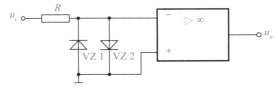

图 6-29　电压比较器输入级的保护电路

小于集成运放的最大输出电压 U_{OM}。限幅电路的稳压管可接在集成运放的输出端和反相输入端之间，如图 6-30（b）所示。

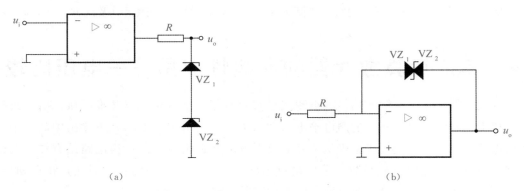

（a）   （b）

图 6-30 电压比较器的输出限幅电路

6.4.2 一般单限比较器

图 6-31（a）所示的电路是一般单限比较器，U_{REF} 为外加参考电压。集成运放的反相输入端接信号 u_i，同相输入端接参考电压 U_{REF}。由于 $A_{od} \to \infty$，所以当 $U_- < U_+$，$u_i < U_{REF}$，$u_o = A_{od}$（$U_+ < U_-$）理应为无穷大，但受电源电压的限制，u_o 只能为正极限值 U_{OM}，即 $U_{OH} = -U_{OM}$；反之，当 $U_- > U_+$ 时，u_o 为负极限值，即 $U_{OL} = -U_{OM}$。其传输入特性如图 6-31（b）实线所示。如果将参考电压 U_{REF} 与 u_i 的输入端互换，即可得到比较器的另一条传输特性如图 6-31（b）中的虚线所示。

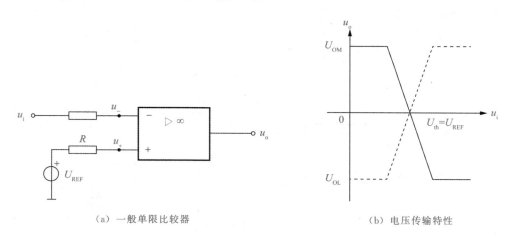

（a）一般单限比较器   （b）电压传输特性

图 6-31 一般单限比较器及其电压传输特性

【例 6-7】单限比较器如图 6-32（a）所示。已知 VZ₁ 和 VZ₂ 的稳定电压 $U_{Z1} = U_{Z2} = 5$ V，正向压降 $U_{D1(ON)} = U_{D2(ON)} \leqslant 0.3$ V，$R_1 = 30$ kΩ，$R_2 = 10$ kΩ，参考电压 $U_{REF} = 2$ V。若输入电压 $u_i = 3\sin wt$（V），试画出输出电压的波形。

【解】在电路中，根据"虚短"和"虚断"的概念，利用叠加定理，集成运放反相输入端的电位。

$$u = \frac{R_1}{R_1 + R_2} \cdot u_i + \frac{R_2}{R_1 + R_2} \cdot U_{REF}$$

令 $u_- = u_+ = 0$，则求出门限电压，

$$U_{th} = -\frac{R_2}{R_1} \cdot U_{REF} = -1(V)$$

即 u_i 在 $U_{th} = -1$ V 附近稍有变化时，电路就会发生翻转，输出电压为 $U_{OH} = V_{Z1} + V_{D2}$（on）$= 5.3$ V，当 $u_i > U_{th} = -1$ V 时，输出电压为 $U_{OL} = (-U_{Z2}) + (-U_{D1(ON)}) = -5.3$ V。根据以上分析结果和 $u_i = 3\sin \omega t$（V）波形，可画输出波形如图 6-32（b）所示。

通过上例分析，得出分析电压比较器传输特性的方法是：首先，研究集成运放输出端所接的限幅电路来确定电压比较器的输出电压；其次，写出集成运放同相输入端和反相输入等于零时的门限电压 U_{th}；最后，u_o 在 u_i 过 U_{th} 时的跃变方向决定于 u_i 作用于集成运放的哪个输入端。当 u_i 从反相输入端输入时，$u_i < U_{th}$，$u_o = U_{OH}$；$u_i > U_{th}$ 时，$u_o = U_{OL}$。u_i 从同相输入端输入时，则相反。

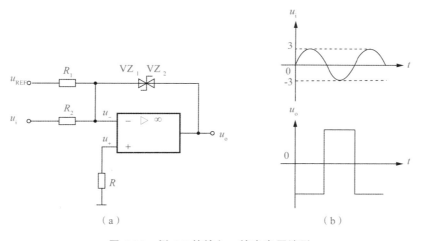

（a）　　　　　　　　　　　　（b）

图 6-32　例 6-7 的输入、输出电压波形

本章小结

本章主要介绍了集成运算放大器的相关知识，帮助读者了解运算放大器的基本组成，并掌握基本差分和典型差分放大电路的基本内容。希望通过本章的学习，读者能够掌握集成运算放大器的相关应用，做到举一反三，提高动手能力。

习题 6

一、填空题

1. 两个大小相等、方向相反的信号叫_____；两个大小相等、方向相同的信号叫_____。

2. 差动放大电路的结构应对称，电阻阻值应_____。

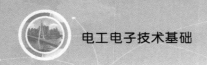

3. 差动分放大电路能有效的抑制_____信号，放大_____信号。

4. 共模抑制比 K_{CMR} 为_____之比，电路的 K_{CMR} 越大，表明电路_____能力越强。

5. 差动放大电路的突出优点是_____。

6. 差动放大电路用恒流源代替发射极级公共电阻是为了_____。

7. 理想运算放大器的开环差模电压放大倍数 A_{uo} 为_____，；输入阻抗 R_{id} 为_____，输出阻抗 R_{od} 为_____。

8. 当动放大器两边的输入电压为 $u_{i1} = 4$ mV，$U_{i1} = -6$ mV，输入信号的差模分量为_____，共模分量为_____。

9. 差动放大器两边的输入电压为 $u_{i1} = 0.5$ V，$u_{i1} = -0.5$ V，差模电压放大倍数 $A_{ud} = 100$，则输出电压为_____。

二、计算题

1. 若差动放大电路中一输入端电压 $u_{i1} = 3$ mV，试求下列不同情况下的差模分量与共模分量：

（1）$u_{i2} = 3$ mV；（2）$u_{i2} = -3$ mV；（3）$u_{i2} = 5$ mV；（4）$u_{i2} = -5$ mV。

2. 若差动放大电路输出表示式为：$u_o = 103u_{i2} - 99u_{i1}$，求：

（1）共模放大倍数 A_{uc}；（2）差模放大倍数 A_{ud}；（3）共模抑制比 K_{CMR}。

3. 题图 1 中所示的差动放大电路中，设 $\beta_1 = \beta_2 = \beta$，$r_{be1} = r_{be2} = r_{be}$。试求：

（1）静态工作点 I_C — U_{CE}；

（2）差模放大倍数 A_{ud} 和共模放大倍数 A_{uc}。

4. 题图 2 中所示电路可实现"零输入时零输出"，即静态时输入端、输出端电位均为零。若三极管均为硅管，其 $U_{BE} = 0.7$ V，$\beta = 100$，求 R_c 之值。

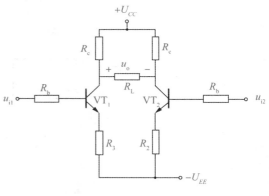

题图 1

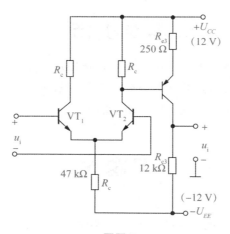

题图 2

5. 电路如题图 3 所示，已知 VT_1、VT_2 的 $\beta_1 = \beta_2 = 80$，$U_{BE1} = U_{BE2} = 0.7$ V，$r_{bb}{}' = 200\ \Omega$，试求：（1）VT_1、VT_2 的静态工作点 I_C 及 U_{CE}；（2）差模电压放大倍数 $A_{ud} = \dfrac{u_o}{u_i}$；（3）差模输入电阻 R_{id} 和输出电阻 R_o。

6. 电路如题图 4 所示，已知晶体管的 $\beta_1 = \beta_2 = 100$，$r_{bb}{}' = 200\ \Omega$，$U_{BE1} = U_{BE2} = 0.7$ V。试求：（1）VT_1、VT_2 的静态工作点 I_C 及 U_{CE}；（2）差模电压放大倍数 $A_{ud} = \dfrac{u_o}{u_1}$；（3）差模输入电阻 R_{id} 和输出电阻 R_o。

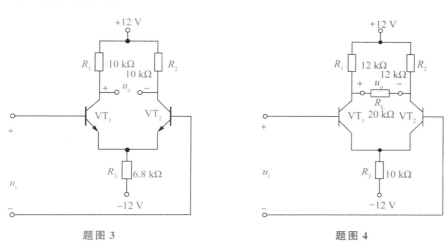

| 题图 3 | 题图 4 |

7. 差分放大电路如题图 5 所示，已知 $\beta = 100$，试求：（1）静态 U_{C2}；（2）差模电压放大倍数 $A_{ud} = \dfrac{u_o}{u_i}$；（3）差模输入电阻 R_{id} 和输入电阻 R_o。

8. 差分放大电路如题图 6 所示，已知晶体管的 $\beta = 100$，$r_{bb}{}' = 200\ \Omega$，$U_{BE1} = 0.7$ V。试求：（1）静态 U_{C1}；（2）差模电压放大倍数 $A_{ud} = \dfrac{u_o}{u_i}$；（3）差模输入电阻 R_{id} 和输入电阻 R_o。

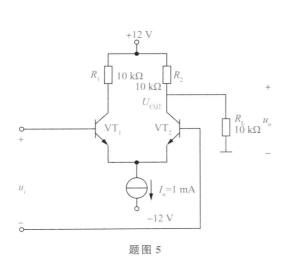

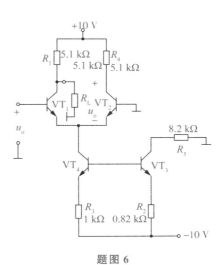

| 题图 5 | 题图 6 |

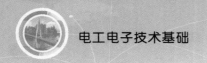

9. 电路如题图 7 所示，试求：（1）输入电阻；（2）比例系数。

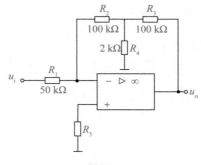

题图 7

10. 电路如题图 8 所示，集成运放输出电压的最大幅值为 ±13 V，填入表中。

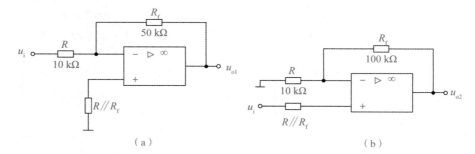

（a） （b）

题图 8

表 1

U_i （V）	0.01	0.1	0.5	1.0	1.5
U_{o1} （V）					
U_{o2} （V）					

11. 试求：题图 9 所示各电路输出电压与输入电压的运算关系式。

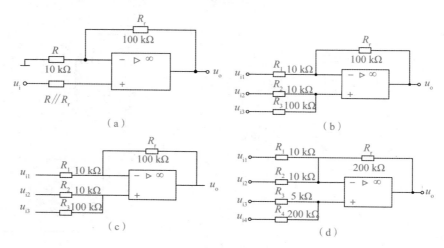

（a） （b）

（c） （d）

题图 9

12. 设计一个比例运算电路，要求输入电阻 $R_i = 10\ \mathrm{k\Omega}$，比例系数为 -100。

13. 电路如题图 10 所示。

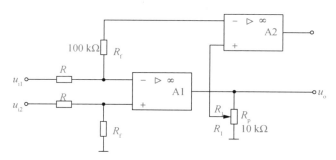

题图 10

（1）写出 U_o 与 U_{i1}、U_{i2} 的运算关系式。

（2）当 RW 的动端在最上端时，若 $U_{i1} = 10\ \mathrm{mV}$，$U_{i2} = 20\ \mathrm{mV}$，则 $U_o = ?$

（3）若 u_o 的最大幅值为 $\pm 14\ \mathrm{V}$，输入电压最大值 $u_{i1max} = 10\ \mathrm{mV}$，$u_{i2max} = 20\ \mathrm{mV}$，为了保证集成运放工作在线性区，$R_2$ 的最大值为多少？

14. 在题图 11 所示电路中，已知输入电压 U_i 的波形如图 6-32（b）所示，当 $t = 0$ 时，$u_o = 0$，试画出 u_o 的波形。

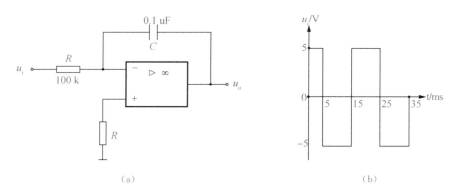

（a）

（b）

题图 11

15. 在题图 12 所示电路中，已知 $R_1 = R = R' = 100\ \mathrm{k\Omega}$，$R_2 = R_f = 100\ \mathrm{k\Omega}$，$C = 1\ \mathrm{\mu F}$。

（1）试求出 U_o 与 U_i 的运算关系。

（2）设当 $t = 0$ 时 $u_o = 0$，且 U_I 由零跃变为 $-1\ \mathrm{V}$，试求 u_o 由 $0\ \mathrm{V}$ 上升到 $\pm 6\ \mathrm{V}$ 所需时间。

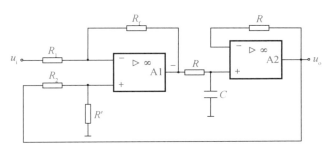

题图 12

16. 如题图 13 所示是一减法运算电路，试推导出 U_o 的表达式。若取 $R_f = 100 \ k\Omega$，要求 $U_o = 5U_{i1} - 2U_{i2}$，问 R_1、R_2 应取何值？

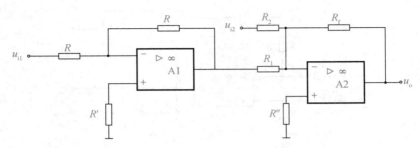

题图 13

17. 试画出一个运算放大器和若干电阻构成一加减运算电路，使 $U_o = -U_{i1} + 2U_{i2} + 3U_{i3} - 4U_{i4}$。要求各输入信号的负端接地，电路应保持平衡，并设 $R_f = 30 \ k\Omega$。

18. 微分电路和它的输入波形分别如题图 14 所示。试画出其输出电压波形。

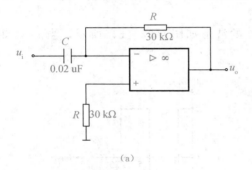 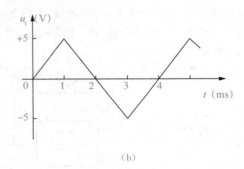

(a)　　　　　　　　　　　　(b)

题图 14

第7章 半导体直流稳压电源

本章导读

在电子设备和仪器中，内部电子电路通常都由电压稳定的直流电源供电，本章首先介绍整流、滤波和稳压电路；然后介绍三端集成稳压器和串联开关稳压电源。直流稳压电源是电子电路能够正常稳定工作的前提和保障。

学习目标

➤ 掌握直流稳压电源的组成。
➤ 了解二极管整流电路。
➤ 熟悉滤波电路。
➤ 了解固定式三端集成稳压器。

思政目标

➤ 培养学生勇于攀登科技高峰的意志品质，提升创新实践能力，激发自主研究精神。
➤ 引导学生提高自己的思想素质、业务素质、身心素质等综合素养，提高工作技能。

7.1 直流电源的结构

7.1.1 直流稳压电源的组成

在工农业生产和日常生活中主要采用交流电，而交流电也是最容易获得的，但在电子线路和自动控制装置等许多方面还需要电压稳定的直流电源供电。为了获得直流电，除了用电池和直流发电机之外，目前广泛采用半导体直流电源。

最简单的小功率直流稳压电源的组成原理方框图如图7-1所示，它表示把交流电转换成直流电的过程。

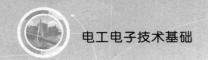
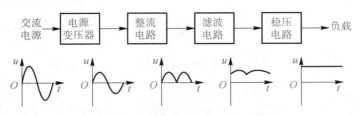

图 7-1　直流稳压电源原理方框图

直流稳压电源各部分作用如下。

（1）整流电路是将工频交流电转换为具有直流电成分的脉动直流电。

（2）滤波电路是将脉动直流中的交流成分滤除，减少交流成分，增加直流成分。

（3）稳压电路对整流后的直流电压采用负反馈技术进一步稳定直流电压。在对直流电压的稳定程度要求较低的电路中，稳压环节也可以不要。

7.1.2　直流稳压电源工作过程

直流稳压电源的工作过程一般为：首先由电源变压器将 220 V 的交流电压变换为所需要的交流电压值；然后利用整流元件（二极管、晶闸管）的单向导电性将交流电压整流为单向脉动的直流电压；最后通过电容或电感储能元件组成的滤波电路减小其脉动成分，从而得到比较平滑的直流电压。经过整流、滤波后得到的直流电压是易受电网波动（一般有 ±10% 左右）及负载变化的影响。因而在整流、滤波电路之后，还需稳压电路；当电网电压波动、负载和温度变化时，维持输出直流电压的稳定。

7.2　二极管整流电路

整流电路的任务是将交流电变换成直流电。完成这一任务主要靠二极管的单向导电作用，因此二极管是构成整流电路的关键元件（常称之为整流管）。常见的整流电路有单相半波、全波、桥式整流电路。

7.2.1　单相半波整流电路

图 7-2 为一个简单的单相半波整流电路。图中 T 为电源变压器，它将 220 V 的电网电压变换为合适的交流电压，VD 为整流二极管，电阻 R_L 代表需要用直流电源的负载。

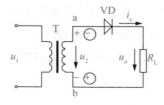

图 7-2　单相半波整流电路

1. 工作原理

设 $u_2 = \sqrt{2}\,U_2 \sin \omega t\, V$，其中 u_2 为变压器副边电压有效值。在 $0 \sim \pi$ 时间内，即在变压器副边电压 u_2 的正半周内，其极性是上端为正、下端为负，二极管 VD 承受正向电压而导通，此时有电流流过负载，并且与二极管上流过的电流相等，即 $i_o = i_{VD}$。忽略二极管上的压降，负载上输出电压 $u_o = u_2$，输出波形与 u_2 相同。

在 $\pi \to 2\pi$ 时间内，即在 u_2 负半周时，变压器副边电压上端为负，下端为正，二极管 VD 承受反向电压。此时二极管截止，负载上无电流流过，输出电压 $u_o = 0$，此时 u_2 电压全部加在二极管 VD 上。其电路波形如图 7-3 所示。

综合上述，单相半波整流电路的工作原理为：在变压器副边电压 u_2 为正的半个周期内，二极管正向导通，电流经二极管流向负载，在 R_L 上得到一个极性为上正下负的电压；而在 u_2 为负半周时，二极管反向截止，电流等于零。所以在负载电阻 R_L 两端得到的电压 u_o 的极性是单方向的，达到了整流的目的。从上述分析可知，此电路只有半个周期有波形，另外半个周期无波形，因此称其为半波整流电路。

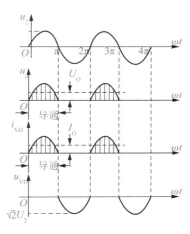

图 7-3　单相半波整流电路波形

2. 单相半波整流电路的指标

单相半波整流电路不断重复上述过程，则整流输出电压有

$$u_o = \begin{cases} \sqrt{2}\,U_2 \sin \omega t\, V & 0 \leqslant \omega t \leqslant \pi \\ 0 & \pi \leqslant \omega t \leqslant 2\pi \end{cases}$$

负载上输出平均电压（U_o）即单相半波整流电压的平均值为

$$U_o = \frac{1}{2\pi} \int_0^{2\pi} u_o \mathrm{d}(\omega t) = \frac{1}{2\pi} \int_0^{2\pi} \sqrt{2}\,u_2 \sin \omega t\, \mathrm{d}(\omega t) = \frac{\sqrt{2}}{\pi} U_2 = 0.45 U_2 \tag{7-1}$$

为了选用合适的二极管，还须计算出流过二极管的正向平均电流 I_{VD} 和二极管承受的最高反向电压 U_{RM}。

流经二极管的电流等于负载电流

$$I_{VD} = I_o = \frac{U_o}{R_L} = 0.45 \frac{U_2}{R_L} \tag{7-2}$$

二极管承受的最大反向电压为变压器副边电压的峰值，即

$$U_{RM} = \sqrt{2}\,U_2 \tag{7-3}$$

单相半波整流电路比较简单，使用的整流元件少；但由于只利用了交流电压的半个周期，因此变压器利用率和整流效率低，输出电压脉动大，仅适用于负载电流较小（几十毫安以下）且对电源要求不高的场合。

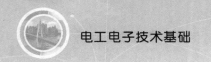

单相全波整流电路

图 7-4 为全波整流电路，它实际上是由两个半波整流电路组成。变压器次级绕组具有中心抽头，使次级的两个感应电压大小相等，但对地的电位正好相反。

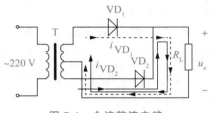

图 7-4　全波整流电路

1. 工作原理

在 u_2 的正半周内，变压器副边电压是上端为正、下端为负，二极管 VD_1 承受正向电压而导通，电流 i_{VD1} 经负载 R_L 回到变压器副边中心抽头；此时二极管 VD_2 因承受反向电压作用而截止，因此 VD_2 支路中没有电流流过。

在 u_2 的负半周内，变压器副边电压是上端为负、下端为正，二极管 VD_1 因承受反向电压作用而截止，因此 VD_1 支路中没有电流流过；此时二极管 VD_2 承受正向电压而导通，电流 i_{VD2} 经负载 R_L 回到变压器副边中心抽头。

由此可见，在变压器副边电压 u_2 的整个周期内，两个二极管 VD_1、VD_2 轮流导通，使负载上均有电流流过，且流过负载的电流 io 是单一方向的全波脉动电流，故这种整流电路称为全波整流电路，其电路工作波形如图 7-5 所示。

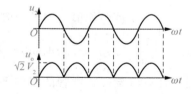

图 7-5　全波整流电路波形图

2. 单相全波整流电路的指标

（1）输出电压、电流的平均值

$$U_o = 0.9U_2 \tag{7-4}$$

$$U_o = 0.9U_2/R_L \tag{7-5}$$

（2）整流二极管的平均电流

$$I_{VD} = \frac{1}{2}I_o = 0.45\frac{U_2}{R_L} \tag{7-6}$$

这个数值与单相半波整流相同，虽然是全波整流，但由于是两个二极管轮流导通，对于单个二极管仍然是半个周期导通，半个周期截止，所以在一个周期内流过每个二极管的平均电流只有负载电流的一半。

（3）整流二极管承受的最大反向电压

$$U_{\text{RM}} = 2\sqrt{2}U_2 \qquad (7\text{-}7)$$

这是因为当二极管 VD_1 导通时，在略去二极管 VD_1 的正向压降情况下，此时反向截止的二极管 VD_2 上的反向电压等于变压器整个副边的全部电压，其最大值为 $2\sqrt{2}U_2$。同理，当 VD_2 导通时，作用在 VD_1 上的反向电压也是如此。

单相全波整流电路的整流效率高，输出电压高且波动较小，但变压器必须有中心抽头，二极管承受的反向电压高，电路对变压器和二极管的要求较高。

7.2.3 单相桥式整流电路

单相半波、全波整流电路有明显的不足之处，针对这些不足，在实践中又产生了桥式整流电路，如图 7-6 所示。四个二极管组成一个桥式整流电路，这个桥也可以简化成如图 7-6（b）所示。

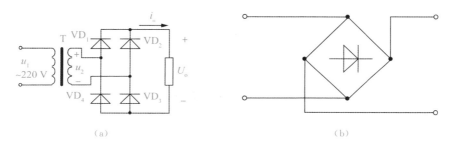

（a）　　　　　　　　　　　　（b）

图 7-6　桥式整流电路

1. 工作原理

单相桥式整流电路由变压器、四个二极管和负载组成。当 U_2 为正半周时，二极管管 VD_1 和 VD_3 导通，而二极管 VD_2 和 VD_4 截止，负载 R_L 上的电流是自上而下流过负载，负载上得到了与 U_2 正半周相同的电压；在 U_2 的负半周，二极管 VD_2 和 VD_4 导通而 VD_1 和 VD_3 截止，负载 R_L 上的电流仍然是自上而下流过负载，负载上得到了与 U_2 负半周相同的电压。其电路工作波形如图 7-7 所示。

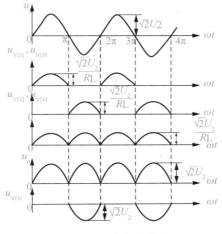

图 7-7　桥式整流波形

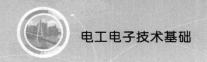

2. 单相桥式整流电路的指标

（1）输出电压、电流的平均值

$$U_o = 0.9U_2 \tag{7-8}$$

$$U_o = 0.9U_2/R_L \tag{7-9}$$

（2）整流二极管的平均电流

$$I_{VD} = \frac{1}{2}I_o = 0.45\frac{U_2}{R_L} \tag{7-10}$$

这个数值与单相半波整流相同，虽然是全波整流，但由于是两组二极管轮流导通，对于单个二极管仍然是半个周期导通，半个周期截止，所以在一个周期内流过每个二极管的平均电流只有负载电流的一半。

（3）整流二极管承受的最大反向电压

$$U_{RM} = \sqrt{2}U_2 \tag{7-11}$$

综上所述，单相桥式整流电路比单相半波整流电路只是增加了整流二极管的个数，结果使负载上的电压与电流都比单相半波整流提高一倍，而其他参数没有变化。因此，单相桥式整流电路得到了广泛应用。

【例7-1】有一单相桥式整流电路要求输出电压 U_o 110 V，$R_L = 80\ \Omega$，交流电压为 380 V，求：（1）如何选用合适的二极管？（2）求整流变压器变比和（视在功率）容量。

【解】（1）选用合适的二极管

$$I_o = \frac{U_o}{R_L} = \frac{110}{80} = 1.4(\text{A})$$

$$I_{VD} = \frac{1}{2}I_o = 0.7(\text{A})$$

$$U_2 = \frac{U_o}{0.9} = 122(\text{V})$$

$$U_{RM} = 2\sqrt{2}U_2 = \sqrt{2} \times 122 = 172(\text{V})$$

由此可选 2CZ12C 二极管，其最大整流电流为 1 A，最高反向电压为 300 V。

（2）求整流变压器变比和（视在功率）容量

考虑到变压器副边绕组及管子上的压降，变压器副边电压大约要高出 10%，即

$$U_2 = 122 \times 1.1 = 134\ (\text{V})$$

则变压器变比

$$n = \frac{380}{134} = 2.8$$

再求变压器容量：变压器副边电流 $I = I_o \times 1.1 = 1.55$ A，乘 1.1 倍主要是考虑变压器损耗。

故整流变压器（视在功率）容量为 $S = U_2 I = 134 \times 1.55 = 208\ (\text{VA})$。

7.3　滤波电路

经过整流后，输出电压在方向上没有变化，但输出电压起伏较大，这样的直流电源如作为电子设备的电源会产生不良的影响，甚至不能正常工作。为了改善输出电压的脉动性，必须采用滤波电路。常用的滤波电路有电容滤波、电感滤波、LC 滤波和 π 型号滤波。

7.3.1　电容滤波

最简单的电容滤波电路是在整流电路的负载 RL 两端并联一只较大容量的电解电容器，如图 7-8（a）所示。

当负载开路时，设电容无能量储存，输出电压从零开始增大，电容器开始充电。充电时间常数 $\tau = R_{in}C$（其中 R_{in} 为变压器副边绕组和二极管的正向电阻），由于变压器副边绕组和二极管的正向电阻小，电容器充电很快达到 u_2 的最大值 $u_c = \sqrt{2}U_2$。此后 u_2 下降，由于 $u_2 < u_c$ 四只二极管处于反向偏置而截止，电容无放电回路。所以 u_o 从最大值下降时，电容可通过负载 R_L 放电，放电时间常数为 $\tau = R_LC$，在 R_L 较大时，放电时间常数比充电时间常数大，u_o 按指数规律下降。U_o 的值再增大后，电容再继续充电，同时向负载提供电流，电容上的电压仍然很快地上升。达到 u_2 的最大值后，电容又通过负载 R_L 放电。这样不断地进行充电放电，在负载上得到比较平滑的电流电压波形，如图 7-8（b）所示。

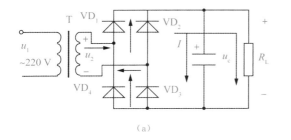
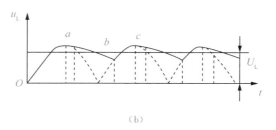

（a）　　　　　　　　　　　　　　　　　（b）

图 7-8　桥式整流电容滤波电路和工作波形

在实际应用中，为了保证输出电压的平滑，使脉动万分减小，电容器 C 的容量选择应满足 $R_LC \geqslant (3 \sim 5) T/2$，其中 T 为交流电的周期。在单相桥式整流电容滤波时的直流电压一般为

$$U_o \approx 1.2U_2 \tag{7-12}$$

电容滤波电路简单，但负载电流不能过大，否则会影响滤波效果；所以电容滤波适用于负载变动不大、电流较小的场合。

7.3.2　电感滤波

在整流电路和负载之间，串联一个电感量较大的铁芯线圈就构成了一个简单的电感滤波电路，如图 7-9 所示。

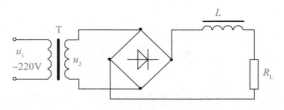

图 7-9　电感滤波电路

根据电感的特点，流过线圈的电流发生变化时，线圈中要产生自感电动势的方向与电流方向相反，自感电动势阻碍电流的增加，同时将能量储存起来，使电流增加缓慢；反之，当电流减小时，自感电流减小缓慢。因而使负载电流和负载电压脉动大为减小。

电感滤波电路外特性较好，带负载能力较强，但是体积大，比较笨重，电阻也较大，因而其上有一定的直流压降，造成输出电压的降低。在单相桥式整流电感滤波时的直流电压一般为

$$U_\circ \approx 0.9 U_2 \tag{7-13}$$

7.3.3　复式滤波

1. LC 滤波电路

采用单一的电容或电感滤波时，电路虽然简单，但滤波效果欠佳，大多数场合要求滤波效果更好。可把两种滤波方式结合起来，组成 LC 滤波电路，如图 7-10 所示。

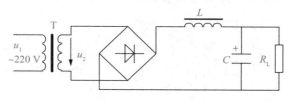

图 7-10　LC 滤波电路

与电容滤波电路比较，LC 滤波电路的优点是：外特性比较好，负载对输出电压影响小，电感元件限制了电流的脉动峰值，减小了对整流二极管的冲击。它主要适用于电流较大，要求电压脉动较小的场合。LC 滤波电路的直流输出电压平均值和电感滤波电路一样，为

$$U_\circ \approx 0.9 U_2 \tag{7-14}$$

2. π 型滤波电路

为了进一步减小输出的脉动成分，可在 LC 滤波电路的输入端再增加一个滤波电容就组成了 LC-π 滤波电路，如图 7-11（a）所示。这种滤波电路的输出电流波形更加平滑，适当选择电路参数，输出电压同样可以达到 $U_\circ \approx 1.2 U_2$。

当负载电阻 R_L 较大，负载电流较小时，可用电阻代替电感，组成 RC-π 滤波电路，如图 7-11（b）所示。这种滤波电路体积小，重量轻，所以得到广泛应用。

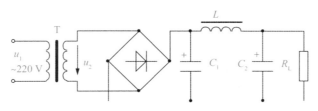

（a）LC-π 滤波电路

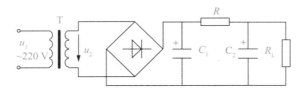

（b）RC-π 滤波电路

图 7-11　π 型滤波电路

7.4　稳压电路

　　整流、滤波后得到的直流输出电压往往会随交流电压的波动和负载的变化而变化。造成这种直流输出电压不稳定的因素有两个：一是当负载改变时，负载电流将随着改变。由于电源变压器和整流二极管、滤波电容都有一定的等效电阻，因此当负载电流变化时，等效电阻上的压降也变化，即使交流电网电压不变，直流输出电压也会改变；二是电网电压常有一些变化，在正常情况下变化±10％是常见的。当电网电压变化时，即使负载未变，直流输出电压也会改变。当用一个不稳定的电压对负载进行供电时，会引起负载的工作不稳定，甚至不能工作。特别是一些精密仪器、计算机、自动控制设备等都要求有很稳定的直流电源。因此在整流滤波电路后面需要再加一级稳压电路，以获得稳定的直流输出电压。

7.4.1　稳压电路的工作原理

　　利用一个硅稳压管 VZ 和一个限流电阻 R 即可组成一个简单的稳压电路。电路如图 7-12 所示。图中稳压管 VZ 与负载电阻 R_L 并联，在并联后与整流滤波电路连接时，要串上一个限流电阻 R，由于 VZ 与 R_L 并联，所以也称并联型稳压电路。

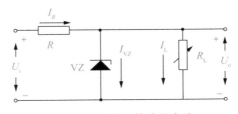

图 7-12　硅稳压管稳压电路

　　这里要指出的是：硅稳压管的极性不可接反，一定要使它处于反向工作状态，如果接错，

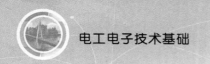

硅稳压管正向导通而造成短路，输出电压 U_o 也将趋近于零。

下面来讨论稳压电路工作原理。

（1）如果输入电压 U_i 不变而负载电阻 R_L 减小，这时负载上电流 I_L 要增加，电阻 R 上的电流 $I_R = I_L + I_{VZ}$ 也有增大的趋势，则 $U_R = I_R R$ 也趋于增大，这将引起输出电压 $U_o = U_{VZ}$ 的下降。稳压管的反向伏安特性已经表明，如果 I_R 基本不变，这样输出电压 $U_o = U_i - I_R R$ 也就基本稳定下来。当负载电阻 R_L 增大时，I_L 减小，I_{VZ} 增加，保证了 I_R 基本不变，同样稳定了输出电压 U_o。稳压过程可表示如下

$$R_L \downarrow \rightarrow I_L \uparrow \rightarrow I_R \uparrow \rightarrow U_R \uparrow \rightarrow U_o(U_{VZ}) \downarrow \rightarrow I_{VZ} \downarrow \rightarrow I_R \downarrow \rightarrow U_R \downarrow \rightarrow U_o \uparrow$$
$$或 \ R_L \uparrow \rightarrow I_L \downarrow \rightarrow I_R \downarrow \rightarrow U_R \downarrow \rightarrow U_o \uparrow$$

（2）如果负载电阻 R_L 保持不变，而电网电压的波动引起输入电压 U_i 升高时，电路的传输作用使输出电压也就是稳压管两端电压趋于上升。由稳压管反向伏安特性可知，稳压管电流 I_{VZ} 将显著增加，于是电流 $I_R = I_L + I_{VZ}$ 加大，所以电压 $U_R = I_R R$ 升高，即输入电压的增加量基本降落在电阻 R 上，从而使输出电压 U_o 基本上没有变化，达到了稳定输出电压的目的；同理电压 U_i 降低时，也通过类似过程来稳定输出电压 U_o。稳定过程可表示如下

$$U_i \uparrow \rightarrow U_{VZ} \uparrow \rightarrow I_Z \uparrow \rightarrow I_R \uparrow \rightarrow U_R \uparrow \rightarrow U_o \downarrow$$
$$或 \ U_i \downarrow \rightarrow U_{VZ} \downarrow \rightarrow I_Z \downarrow \rightarrow I_R \downarrow \rightarrow U_R \downarrow \rightarrow U_o \uparrow$$

由此可见，稳压管稳压电路是依靠稳压管的反向特性，即反向击穿电压有微小的变化引起电流较大的变化，通过限流电阻的电压调整，来达到稳压的目的。

7.4.2 硅稳压管稳压电路参数的选择

1. 硅稳压管的选择

可根据下列条件初选硅稳压管

$$\left.\begin{array}{l} U_{VZ} = U_o \\ I_{VZmax} \geqslant (2 \sim 3) I_{Lmax} \end{array}\right\}$$

当 U_i 增加时，会使硅稳压管的 I_{VZ} 增加，所以电流选择应适当大一些。

2. 输入电压 U_i 的确定

U_i 高，R 大，稳定性能好，但损耗大。一般 $U_i = (2 \sim 3) U_o$。

3. 限流电阻 R 的选择

限流电阻 R 的选择，主要是确定其阻值和功率。

（1）阻值的确定

在 U_i 最小和 I_L 最大时，流过稳压管的电流最小，此时电流不能低于稳压管最小稳定电流。

$$I_{VZ} = \frac{U_{imin} - U_{VZ}}{R} - I_{Lmax} \geqslant I_{VZmin}$$

即

$$R \leqslant \frac{U_{imin} - U_{VZ}}{I_{VZmin} + I_{Lmax}} \tag{7-15}$$

在 U_i 最高和 I_L 最小时，流过稳压管的电流最大，此时应保证电流 I_{VZ} 不大于稳压管最大稳定电流值。

$$I_{VZ} = \frac{U_{imax} - U_{VZ}}{R} - I_{Lmin} \leqslant I_{VZmax}$$

即

$$R \geqslant \frac{U_{imax} - U_{VZ}}{I_{VZmax} + I_{Lmin}} \tag{7-16}$$

限流电阻 R 的阻值应同时满足以上两式。

（2）功率的确定

$$P_R = (2 \sim 3) \frac{U_{RM}^2}{R} (2 \sim 3) \frac{(U_{imax} - U_{VZ})^2}{R} \tag{7-17}$$

P_R 应适当选择大一些。

【例 7-2】选择图 7-12 稳压电路元件参数。要求：$U_o = 10\ \text{V}$，$I_L = 0 \sim 10\ \text{mA}$，$U_i$ 波动范围为 $\pm 10\%$。

【解】（1）选择稳压管

$$U_{VZ} = U_o = 10\ \text{V}$$
$$I_{VZ} = 2I_{Lmax} = 2 \times 10 \times 10^{-3} = 20(\text{mA})$$

查手册得出 2CW7 管参数为

$$U_{VZ} = 9 \sim 10.5\ \text{V},\ I_{VZmax} = 23\ \text{mA},\ I_{VZmin} = 5\ \text{mA},\ P_{RM} = 0.25\ \text{W}$$

符合要求，故选 2CW7。

（2）确定 U_i

$$U_i = (2 \sim 3)U_o = 2.5 \times 10 = 25(\text{V})$$

（3）选择 R

$$U_{imax} = 1.1U_i = 27.5(\text{V})$$
$$U_{imin} = 0.9U_i = 22.5(\text{V})$$

$$\frac{U_{imax} - U_{VZ}}{I_{VZmax} + I_{Lmin}} \leqslant R \leqslant \frac{U_{imin} - U_{VZ}}{I_{VZmin} + I_{Lmax}}$$

$$\frac{27.5 - 10}{23 + 0} \leqslant R \leqslant \frac{22.5 - 10}{5 + 10}$$

$$761(\Omega) \leqslant R \leqslant 833(\Omega)$$

取 $R = 820$（Ω）。

电阻功率

$$P_R = 2.5 \times \frac{(U_{imax} - U_{VZ})^2}{R} = 2.5 \times \frac{(27.5 - 10)^2}{820} = 0.93(\text{W})$$

取 $P_R = 1$（W）。

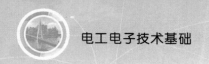

7.5 集成稳压器

随着集成工艺的发展，稳压电路也制成了集成器件。它将调节管、比较放大单元、启动单元和保护环节等元件都集成在一块芯片上，具有体积小、重量轻、使用调整方便、运行可靠和价格低等一系列优点，因而得到了广泛的应用。集成稳压器的规格种类繁多，具体电路结构也有差导。按内部工作方式分为串联型（调整电路与负载相串联）、并联型（调整电路与负载相并联）和开关型（调整电路工作在开头状态）。按引出端子分类，有三端固定式、三端可调式和多端可调式稳压器等。实际应用中最简便的是三端集成稳压器，这种稳压器有三个引线端；不稳定电压输入端（一般与整流滤波电路输出相连）、稳定电压输出端（与负载相连）和公共接地端。

7.5.1 固定式三端集成稳压器

1. 正电压输出稳压器

常用的三端固定正电压稳压器有 7800 系列，型号中的 00 两位数表示输出电压的稳定值，分别为 5 V、6 V、9 V、12 V、15 V、18 V、24 V。例如，7812 的输出电压为 12 V，7805 输出电压是 5 V。

按输出电流大小不同，又分为：CW7800 系列，最大输出电流为 1～1.5 A；CW78M00 系列，最大输出电流为 0.5 A；CW78L00 系列，最大输出电流为 100 mA 左右。

7800 系列三端稳压器的外部引脚如图 7-13（a）所示，1 脚为输入端，2 脚为输出端，3 脚为公共接地端。

2. 负电压输出稳压器

常用的三端固负电压稳压器有 7900 系列，型号中的 00 两位表示输出电压的稳定值，和 7800 系列相对应，分别为 −5 V、−6 V、−9 V、−12 V、−15 V、−18 V、−24V。

按输出电流大小不同，和 7800 系列一样，也分为：CW7900 系列、CW79M00 系列和 CW79L00 系列。管脚如图 7-13（b）所示，1 脚为公共端，2 脚为输出端，3 脚为输入端。

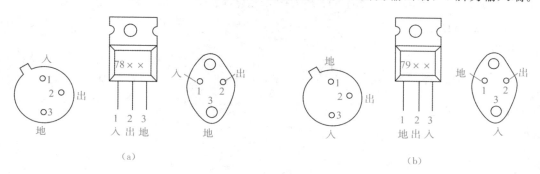

（a）   （b）

图 7-13　三端集成稳压器外形和引线端排列

3. 固定式三端集成稳压器应用举例

图 7-14 （a）为应用 78LXX 输出固定电压 U_o 的典型电路图。正常工作时，输入、输出电压差应大小 $2 \sim 3$ V。电路中接入电容 C_1、C_2 是用来实现频率补偿的，可防止稳压器产生高频自激振荡并抑制电路引入的高频干扰。C_3 是电解电容，以减小稳压电源输出端由输入电源引入的低频干扰。VD 是保护二极管，当输入端意外短路时，给输出电容器 C_3 一个放电通路，防止 C_3 两端电压作用于调整管的 BE 结，造成调整管 BE 结击穿而损坏。

图 7-14 （b）电是扩大 78LXX 输出电流的电路，并具有过流保护功能。电路中加入了功率三极管 VT_1，向输出端提供额外的电流 I_{o1}，使输出电流 I_o 增加为 $I_o = I_{o1} + I_{o2}$。其工作原理为：正常工作时，VT_2、VT_3 截止，电阻 R_1 上的电流产生压降使 VT_1 导通，使输出电流增加。若 I_o 过流（即超过某个限额），则 I_{o1} 也增加，电流检测电阻 R_3 上压降增加增大使 VT_3 上压降增大使 VT_3 导通，导致 VT_2 趋于饱和，使 VT_1 管基-射间电压 U_{BE1} 降低，限制了功率管 T_1 的电流 I_{C1}，保护功率管不致因过流而损坏。

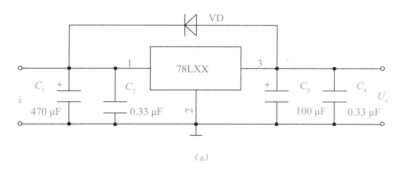

（a）

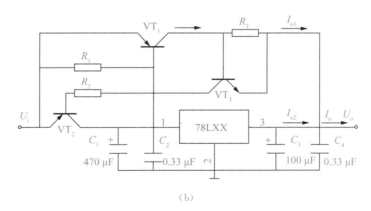

（b）

图 7-14　固定式三端集成稳压器的应用电路

7.5.2　可调式三端集成稳压器

可调三端集成稳压器的调压范围为 $1.25 \sim 37$ V，输出电流可达 1.5 A。常用的有 LM117、LM217、LM317、LM337 和 LM337L 系列。图 7-15 （a）为正可调输出稳压器，图 7-15 （b）为负可调输出稳压器。

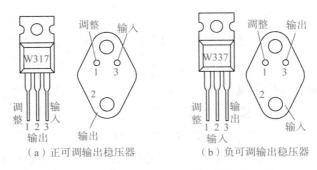

图 7-15　可调三端集成稳压器外形及引线端排列

图 7-16 为可调式三端稳压器的典型应用电路，由 LM117 和 LM137 组成正、负输出电压可调的稳压器。为保证空载情况下输出电压稳定，R_1 和 R_1' 不宜高于 240 Ω，典型值为 120～240 Ω。R_2 和 R_2' 的大小根据输出电压调节范围确定。该电路输入电压 U_i 分别为 ±25 V，则输出电压可调范围为 ± （1.2～20）V。

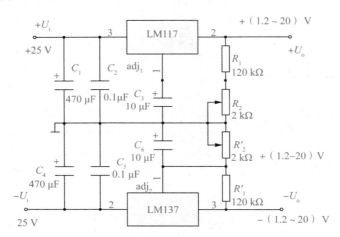

图 7-16　可调节式三端稳压器的典型应用电路

图 7-17 为并联扩流的稳压电路，它是用两个可调式稳压器 LM317 组成。

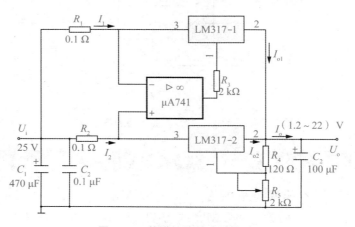

图 7-17　并联扩流的稳压电路

输入电压 $U_i = 25$ V，输出电流 $I_o = I_{o1} + I_{o2} = 3$ A，输出电压可调节范围为 $\pm$ （1.2～22）V。电路中的集成运放 μA741 是用来平衡两稳压器的输出电流。例如，LM317-1 输出电流 I_{o1} 大于 LM317-2 输出电流 I_{o2} 时，电阻 R_1 上的电压降增加，运放的同相端电位降低，运放输出端电压降低；通过调整端 adj1 使输出电压 U_o 下降，输出电流 I_{o1} 减小，恢复平衡；反之亦然。改变电阻 R_4 可调节输出电压的数值。

注意：这类稳压器是依靠外接电阻来调节输出电压的，为保证输出电压的精度和稳定性，要选择精度高的电阻；同时电阻要紧靠稳压器，防止输出电流在连线电阻上产生误差电压。

本章小结

本章主要介绍了半导体直流稳压电源的相关知识，帮助读者了解直流电源的结构及各部分的作用，并掌握滤波电流和稳压电路的基本内容。希望通过本章的学习，读者能够掌握稳压电流的工作原理和相关参数，理论联系实际，提高分析和解决问题的能力。

习题 7

一、简答题

1. 桥式整流电路为何能将交流电变为直流电？这种直流电能否直接用来作为晶体管放大器的整流电源？

2. 桥式整流电路接入电容滤波后，输出直流电压为什么会升高？

3. 什么叫滤波器？本章所介绍的几种滤波器，它们都如何起滤波作用？

4. 倍压整流电路工作原理如何？它们为什么能提高电压？

5. 为什么未经稳压的电源在实际中应用得较少？

6. 稳压管稳压电路中限流电阻应根据什么来选择？

7. 集成稳压器有什么优点？

8. 关式稳压电源是怎样实现稳压的？

二、选择题

1. 整流的目的是_____。

A. 将交流变为直流　　　　　　　　B. 高频变低频

C. 将正弦波变为方波

2. 在单相桥式整流电路中，若有一只整流管接反，则_____。

A. 输出电压约为 $2U_{VD}$　　　　　　B. 变为半波整流

C. 整流管将因电流过而烧坏

3. 直流稳压电源中滤波电路的作用是_____。

A. 将交流变为直流　　　　　　　　B. 将高频变为低频

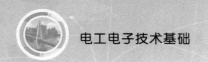
C. 将交、直流混合量中的交流成分滤掉

4. 若要组成输出电压可调、最大输出电流为 3 A 的直流稳压电源，则应采用_____。

A. 电容滤波稳压管稳压电路　　　　B. 电感滤波稳压管稳压电路

C. 电容滤波串联型稳压电路　　　　D. 电感滤波串联型稳压电路

5. 串联型稳压电路中的放大环节所放大的对象是_____。

A. 基准电压　　　　　　　　　　　B. 采样电压

C. 基准电压与采样电压之差

6. 开关型直流电源比线性直流电源效率高的原因是非曲直_____。

A. 调整管工作在开关状态　　　　　B. 输出端有 LC 滤波电路

C. 可以不用电源变压器

三、计算题

1. 电路如题图 1 所示，变压器副边电压有效值为 $2U_2$。

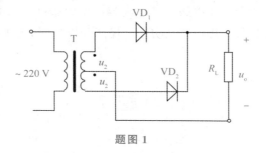

题图 1

（1）画出 u_2、u_{VD1} 和 u_o 的波形。

（2）求出输出电压平均值 U_o 和输出电流平均值 I_L 的表达式。

（3）二极管的平均电流 I_{VD} 和所承受的最大反向电压 U_{Fmax} 的表达式。

2. 分别判断如题图 2 所示各电路能否作为滤波电路，简述理由。

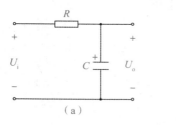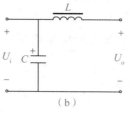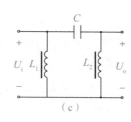

题图 2

3. 在桥式整流电路中，变压器副绕组电压 $U_2=15$ V，负载 $R_L=1$ kΩ，若输出直流电压和输出负载电流 I_L，则应选用反向工作电压为多大的二极管？

4. 如果上题中有一个二极管开路，则输出直流电压和电流分别为多大？

5. 在输出电压 $u_o=9$ V，负载电流 $R_L=20$ mA 时，桥式整流电容滤波电路的输入电压（那变压器副边电压）应为多大？若电网频率为 50 Hz，则滤波电容应选多大？

6. 在图 7-17 中，稳压管的稳压值 $U_{VZ}=9$ V，最大工作电流为 25 mA，最小工作电流为 5 mA；负载电阻在 $300\sim450$ kΩ 之间变动，$U_i=15$ V，试确定限流电阻 R 的选择范围。

7. 有一桥式整流电容滤波电路，已知交流电压源电压为 220 V，$R_L = 50\ \Omega$，或要求输出直流电压为 12 V。求：（1）每只二极管的电流和最大反向工作电压；（2）选择滤波电容的容量和耐压值。

8. 有一硅二极管稳压器，要求稳压输出 12 V，最小工作电流为 5 mA，负载电流在 0~6 mA 之间变化，电网电压变化±10%。试画出电路图和选择元件参数。

9. 电路如题图 3 所示，如何合理连线，构成 5 V 的直流电源？

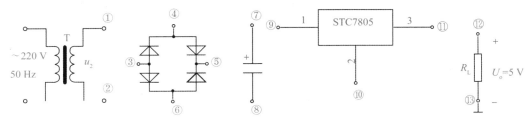

题图 3

第8章 数字逻辑基础

本章导读

数字信号是指在时间和幅值上都是断续变化的离散信号；用以加工、传递、处理数字信号的电路称为数字电路。研究数字电路时注重电路输出、输入间的逻辑关系，因此不能采用模拟电路的分析方法。主要的分析工具是逻辑代数，电路的功能用真值表、逻辑表达式或波形图表示。

数字电路的基础是数字逻辑，所有数字系统都是基于数字逻辑来设计的。数字电路按组成的结构可分为分立元件电路和集成电路两大类。根据电路逻辑功能的不同，数字电路又分为组合逻辑电路和时序逻辑电路两大类。数字电路与模拟电路比较有诸多优点：便于高度集成化，可靠性高、抗干扰能力强，数字信息便于长期保存，产品系列多、通用性强、成本低，保密性好。本章主要介绍数字逻辑基础，包括数制的转换、逻辑代数的基本公式和逻辑函数的常见形式等内容。

学习目标

➤ 掌握数值与编码。

➤ 掌握逻辑函数的表示方法。

➤ 了解逻辑函数的标准表达式。

思政目标

➤ 增强学生的逻辑思维能力，提高学生将理论知识与实际应用相融合的能力。

➤ 培养学生学无止境、追求真理的科学精神。

8.1 数制与编码

8.1.1 数制

数制即是计数进位制的简称。日常生活中，人们最习惯使用十进制数——"逢十进一"。而在数字系统中常采用二进制数，有时也使用八进制数和十六进制数。本节将通过对十进制数的分析和扩展，掌握其他 N 进制数的概念。

1. 十进制

十进制数采用十个不同的数码 0，1，2，3，…，9 来表示数，其基数为 10。十进制数的进位规律是"逢十进一"，如 $8+5=13$。

任意十进制整数的数值可以表示为，各数码与所处数位上权的乘积之和，即

$$[N]_{10} = \sum_{-m}^{n-1} a_i \times 10^i = a_{n-1}10^{n-1} + a_{n-2}10^{n-2} + \cdots + a_0 10^0 \tag{8-1}$$

例如，数 552 可以表示为

$$552 = 5 \times 10^2 + 5 \times 10^1 + 2 \times 10^0$$

式中，n 表示整数的位数，m 表示小数的位数，i 表示当前的数码所在位置，a_i 表示第 i 位上的数码，10^i 表示十进制数第 i 位上的权。$[N]_{10}$ 中的下标表示数制，10 表示是十进制数，通常可省略十进制数的下标。

在数字电路中，若采用十进制，将要求电路能识别十个数码所对应的电平，这将提高电路的设计难度和成本。所以在数字系统中多采用二进制。

2. 二进制

与十进制数相对应，二进制数采用两个不同的数码 0，1 来表示数。因其基数为 2，所以称为二进制数。二进制数的进位规律是"逢二进一"，即 $1+1=10$。任意二进制的数值可以表示为

$$[N]_2 = \sum_{-\infty}^{\infty} K_i \times 2^i \tag{8-2}$$

式中，K_i 表示二进制数第 i 位数码。二进制数的下标为 2。

例如，$[1001]_2 = 1 \times 2^3 + 0 \times 2^2 + 0 \times 2^1 + 1 \times 2^0 = 8 + 0 + 0 + 1 = [9]_{10}$

由此可见，将一个二进制数按照位权展开求和即可转换为十进制数。二进制运算规律比较简单。

加法：$0+0=0$；$0+1=1$；$1+0=1$；$1+1=0$（同时向高位进 1）

减法：$0-0=0$；$1-1=0$；$1-0=1$；$0-1=1$（同时向高位借 1）

乘法：$0 \times 0=0$；$0 \times 1=0$；$1 \times 0=0$；$1 \times 1=1$

除法：$0 \div 1=0$；$1 \div 1=1$

3. 八进制

由于二进制数往往位数很多，不便于书写与记忆。因此在数字系统、计算机的资料中常采用八进制与十六进制来表示二进制。

八进制的共有八种不同的数码 0、1、2、3、…、7。其基数是 8，进位规律是"逢八进一"。每个数位的权是 8^i，其中 i 是数码所在的位置。例如

$$[251]_8 = 2 \times 8^2 + 5 \times 8^1 + 1 \times 8^0 = 2 \times 64 + 5 \times 8 + 1 \times 1 = [169]_{10}$$

4. 十六进制

十六进制的共有十六种不同的数码，10 以上的数码用 A、B、C、D、E、F 来表示。即 0、1、2、3、…、9、A（10）、B（11）、C（12）、D（13）、E（14）、F（15）。基数是 16，

进位规律是"逢十六进一"。每个数位的权是 16^i。例如

$$[2EA]_{16}=2\times16^2+14\times16^1+10\times16^0=2\times256+14\times16+10\times1=[746]_{10}$$

比较二进制、八进制和十六进制数的数值表达式，可得任意 A 进制数的数值可表示为

$$[N]_A=\sum_{-\infty}^{\infty}K_i\times A^i \tag{8-3}$$

式中，A 为基数，K_i 表示 A 进制数第 i 位数码，A^i 为表示第 i 位数的权。此外，在一些资料中，使用 $[N]_B$、$[N]_O$、$[N]_D$、$[N]_H$ 来表示二、八、十、十六进制数。

8.1.2 数制的转换

1. 非十进制转换成十进制

二进制、八进制、十六进制转换成十进制，只要把它们按照位权展开，求出各加权系数之和，就得到相应进制数所对应的十进制数。如

$$[1101]_2=1\times2^3+1\times2^2+0\times2^1+1\times2^0=[13]_{10}$$
$$[128]_8=1\times8^2+2\times8^1+8\times8^0=64+16+8=[88]_{10}$$
$$[5D]_{16}=5\times16^1+13\times16^0=80+13=[93]_{10}$$

2. 十进制数转换二进制

将一个十进制数转换成二进制，分为整数部分转换和小数部分转换。整数转换——除 2 取余法（直到商为 0 为止）。

【例 8-1】 求 $[29]_{10}=[\qquad]_2$。

【解】

```
除数      被除数        …………余数


                      …………余1…………低位

                      …………余0

                      …………余1

                      …………余1

                      …………余1…………高位


```

故，$[29]_{10}=[11101]_2$

十进制数与十六、八进制数的转换，可以先进行十进制数与二进制数的转换，再进行二进制数与十六、八进制数进行转换。

3. 二进制、八进制和十六进制的相互转换

（1）二进制和八进制的相互转换

一个二进制数转换成八进制，只需把二进制数从小数点位置向两边按 3 位二进制数划分开，不足 3 位的补 0，然后把 3 位二进制数表示的八进制数写出来就是对应的八进制数。如

$$[1100101]_2=[\underline{001}\ \underline{100}\ \underline{101}]_2=[145]_8$$

将一个八进制数转换成二进制，只要把八进制数的每一位用 3 位二进制数表示出来即为对应的二进制数，如

$$[217]_8 = [010\ 001\ 111]_2$$

（2）二进制和十六进制的相互转换

一个二进制数转换成十六进制，只需把二进制数从小数点位置向两边按 4 位二进制数划分开，不足 4 位的补 0，然后把 4 位二进制数表示的八进制数写出来就是对应的十六进制数。十六进制数转换成八进制，只需将每一位十六进制数用四位二进制数表示即可。如

$$[1100101]_2 = [0110\ 0101]_2 = [65]_{16} \qquad [5D8]_{16} = [0101\ 1101\ 1000]_2$$

8.1.3　编码

在数字系统中的信息可分为两类，一类是数值；另一类是文字符号（包括控制符）。文字符号的信息，往往也采用一定位数的二进制数码来表示，这个特定的二进制码称为代码。建立这种代码与十进制数值、字母、符号的一一对应的关系称为编码。若要对 A 项信息进行编码，则需 n 位二进制数码与之对应，n 应满足 $2n \geqslant A$。下面介绍几种常见的编码。

1. 二一十进制编码（BCD 码）

二一十进制码，是用四位二进制数码 $b_3 b_2 b_1 b_0$ 表示一位十进制数的数码，简称 BCD 码。四位二进制数的十六种不同组合中，只用其中的十种组合来表示十进制数的 0～9，所以 BCD 码根据选择不同的组合可产生有多种不同类型的 BCD 码。几种常见的 BCD 码与十进制数码的关系如表 8-1 所示。

表 8-1　几种常见的 BCD 码

十进制数	8421BCD 码	2421BCD（A）码	2421BCD（B）码	5421BCD 码	余 3 码
0	0000	0000	0000	0000	0011
1	0001	0001	0001	0001	0100
2	0010	0010	0010	0010	0101
3	0011	0011	0011	0011	0110
4	0100	0100	0100	0100	0111
5	0101	0101	1011	1000	1000
6	0110	0110	1100	1001	1001
7	0111	0111	1101	1010	1010
8	1000	1110	1110	1011	1011
9	1001	1111	1111	1100	1100
权	8421	2421	2421	5421	无权

在表 8-1 的每类 BCD 码中，不出现的余下六种组合是无效编码。除"余 3 码"是由 8421BCD 码加 3 得到的，没有固定的权以外，其他 BCD 码的权等于其名称。其中 8421BCD 码是简单而常用的一种二一十进制编码。

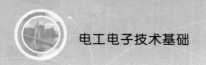

【例 8-2】求 $[10010011]_{8421BCD} = [\qquad]_{10}$

【解】8421BCD 码与十进制码的转换的方法：按顺序将每组四位二进制数书写成十进制数。

$$[\underline{1001}\ \underline{0011}]_{8421BCD} = [93]_{10}$$

2. 格雷码

格雷码是另一种常见的无权编码，又称反射循环码。这种代码的特点是：相邻的两个码组之间仅有一位不同。常见的三位以内的格雷码的排列如表 8-2 所示。

表 8-2　三位以内的格雷码的排列

顺序	1	2	3	4	5	6	7	8
1 位格雷码	0	1						
2 位格雷码	00	01	11	10				
3 位格雷码	000	001	011	010	110	111	101	100

8.2　逻辑函数的表示方法

逻辑代数中也用字母来表示变量，称为逻辑变量。在数字电路中常表现为低电平和高电平，并常用二元常量 0 和 1 来表述。此时，0 和 1 不表示数量的大小，而是表示两种对立的逻辑状态。所以逻辑变量的取值只能是 0 或 1。在逻辑代数中，有与、或、非三种基本的逻辑运算。所有的逻辑代数运算都可以由这三种基本运算相互组合得到。

8.2.1　三种基本逻辑运算

1. 与运算

图 8-1（a）给出串联开关灯控电路。电源通过开关 A 和 B 向灯泡 Y 供电，只有开关 A 和 B 同时"闭合"时，灯泡才亮。开关 A 和 B 中只要有一个或两个都"断开"，灯泡 Y 不会亮。从此电路可总结出如下逻辑关系：只有决定一个事件（灯 Y "亮"）的所有条件（开关 A "闭合"、开关 B "闭合"）都具备时，这件事（灯 Y "亮"）才发生，否则这件事不发生（灯 Y "灭"），这种逻辑关系称为与逻辑。用表格来描述此逻辑关系可得表 8-3。如将此表用二元常量来表示，设开关"断开"和灯"灭"都用 0 表示，而设开关"闭合"和灯"亮"都用 1 表示，并将输入、输出变量都用逻辑变量表示，则得逻辑真值表如表 8-4 所示。

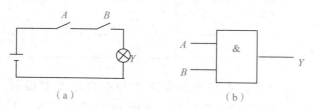

（a）　　　　　　　　　　（b）

图 8-1　串联开关灯控电路

表 8-3　与逻辑关系表表		
开关 A	开关 B	灯 Y
断开	断开	灭
断开	闭合	灭
闭合	断开	灭
闭合	闭合	亮

表 8-4　与逻辑真值表		
A	B	Y
0	0	0
0	1	0
1	0	0
1	1	1

若用逻辑表式来描述，则可写为

$$Y = A \cdot B \tag{8-4}$$

式中的小圆点"·"表示 A、B 的与运算，也表示为逻辑乘。在不引起混淆的前提下，逻辑乘"·"常被省略，写成 $Y = AB$。

与运算的规则是：输入变量（A、B）全为 1 时，输出变量为 1，否则输出变量为 0。

在数字电路中实现与逻辑功能的电路称为"与门"。"与门"的逻辑符号如图 8-1（b）所示，该符号表示两个输入的与逻辑关系。

2. 或运算

图 8-2（a）给出并联开关灯控电路。电源通过开关 A 或 B 向灯泡 Y 供电，只要开关 A 或开关 B 或者两个开关都"闭合"，灯泡就亮。而开关 A 和 B 两者都"断开"，灯泡 Y 才不亮。

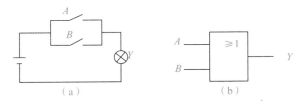

（a）　　　　　　（b）

图 8-2　并联开关灯控电路

由此可总结出如下逻辑关系：在决定一个事件（灯 Y"亮"）的几个条件（开关 A"闭合"、开关 B"闭合"）中只要有一个或一个以上条件具备时，这件事（灯 Y"亮"）就发生，只有条件全不具备时，这件事才不发生（灯 Y"灭"），这种逻辑关系称为或逻辑。或逻辑的真值表如表 8-5 所示。

表 8-5　或逻辑真值表		
A	B	Y
0	0	0
0	1	1
1	0	1
1	1	1

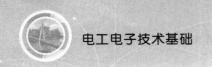
或运算的逻辑表达式可写为

$$Y = A + B \tag{8-5}$$

式中的"＋"表示 A、B 的或运算，也表示为逻辑加。注意，逻辑或运算与二进制加法运算是不同的概念。在二进制加法中，$1+1=10$，此时的 0 和 1 表示数值，它们的组合表示数量的大小。而在逻辑或运算中，若输入变量 $A=B=1$，则 $Y=A+B=1+1=1$，此时 1 表示逻辑变量的取值，而逻辑变量的取值无大小之分，只表示两种对立的状态 0 或 1。一个逻辑变量的取值不会出 0 和 1 的组合 10。

或运算的规则是：输入变量（A、B）全为 0 时，输出变量为 0，否则输出变量为 1。

在数字电路中实现或逻辑功能的电路称为"或门"。"或门"的逻辑符号如图 8-2（b）所示。

3. 非运算

图 8-3（a）是旁路开关灯控电路。开关 A"断开"时，电源通过限流电阻向灯泡 Y 供电，灯亮。而当开关 A"闭合"，灯泡 Y 两端就被短路，灯灭。由此得第三种逻辑关系：决定一个事件（灯 Y"亮"）的发生，是以其相反的条件（开关"断开"）为依据，这种逻辑关系称为非逻辑。非逻辑的真值表如表 8-6 所示。

表 8-6　非逻辑真值表

A	Y
0	1
1	0

非运算的逻辑表达式可写为

$$Y = \overline{A}$$

非运算的规则是：输入变量与输出变量的取值总相反。

在数字电路中实现非逻辑功能的电路称为"非门"，逻辑符号如图 8-3（b）所示。

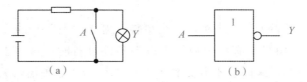

图 8-3　旁路开关灯控电路

8.2.2　复合逻辑运算

三种基本逻辑运算与、或、非组合在一起，就形成组合逻辑运算，其运算顺序如下。

（1）先算与（逻辑乘），后算或（逻辑加）。如 $A+B \cdot C$，应先算与运算符，后算或运算符。

（2）有括号，先算括号内。如（$A+B$）$\cdot C$，应先算括号内的或运算，后算括号外的与运算。

（3）有非号，先算"非"号下的表达式，后进行非运算。如 $\overline{A+B\cdot C}$，应先算与运算符，后算或运算符，最后算非运算。而 $A+\overline{B}\cdot C$，应先算与运算符，后算非运算符，最后算或运算。

几种常用的组合逻辑运算如表 8-7，其逻辑真值表如表 8-8 和表 8-9 所示。

表 8-7　常见的几种复合逻辑运算

名　称	逻辑符号	表达式	运算规则
与非运算		$Y=\overline{A\cdot B}$	先与后非
或非运算		$Y=\overline{A+B}$	先或后非
同或运算		$Y=\overline{A}\,\overline{B}+AB=A\odot B$	输入相同出 1，输入不同出 0
与或非运算		$Y=\overline{A\cdot B\cdot C+D\cdot E\cdot F}$	先与再或后非
异或运算		$Y=\overline{A}B+A\overline{B}=A\oplus B$	输入不同出 1，输入相同出 0

表 8-8　异或运算真值表

A	B	Y
0	0	1
0	1	0
1	0	0
1	1	1

表 8-9　同或运算真值表

A	B	Y
0	0	0
0	1	1
1	0	1
1	1	0

8.2.3 逻辑函数及其表示方法

1. 逻辑函数

与代数的函数定义相似，在研究事件的因果变化时，决定事件变化的因素称为逻辑自变量，与之对应的事件结果称为逻辑结果，逻辑自变量与逻辑结果之间的函数关系称为逻辑函数。逻辑函数是由与、或、非三种基本逻辑运算组合而成。它的一般表达式

$$Y = F（A、B、C、D\cdots\cdots）$$

式中，Y 表示输出变量，A、B、C、D、……表示输入变量，F 表示输入与输出变量之间的逻辑关系。

2. 逻辑函数的表示方法

（1）真值表

真值表是用数字符号表示逻辑函数的一种方法。它反映了各输入逻辑变量的取值组合与函数值之间的对应关系。对一个确定的逻辑函数来说，它的真值表也唯一被确定。

真值表特点是：能够直观、明了地反映变量取值与函数值的对应关系。

【例 8-3】一个多数表决电路，有三个输入端，一个输出端，它的功能是输出与输入的多数一致。试列出该电路的真值表。

【解】根据题意，设三个输入变量为 A、B、C，输出为 Y。当三个输入变量中有两个及两个以上为 1 时，输出为 1；输入有两个及两个以上为 0 时，输出为 0。由此，可列出真值表，如表 8-10 所示。

表 8-10 例 8-3 真值表

$A\ B\ C$	Y	$A\ B\ C$	Y
0 0 0	0	1 0 0	0
0 0 1	0	1 0 1	1
0 1 0	0	1 1 0	1
0 1 1	1	1 1 1	1

（2）逻辑函数式

逻辑函数式是用与、或、非等运算关系组合起来的逻辑代数式。它是数字电路输入量与输出量之间逻辑函数关系的表达式，也称函数式或代数式。其优点是：形式简洁，书写方便，直接反映了变量间的运算关系，便于用逻辑图实现该函数。

【例 8-4】写出图 8-4 逻辑图的函数表达式。

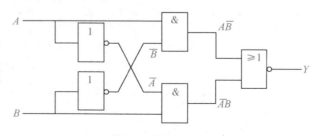

图 8-4 例 8-4 题图

【解】根据门电路的逻辑符号和对应的逻辑运算，由前向后逐级推算，即可写出输出函数 Y 的表达式

$$Y = \bar{A}B + A\bar{B}$$

【例 8-5】已知逻辑函数的逻辑图如图 8-5 所示，求逻辑函数的表达式和真值表。

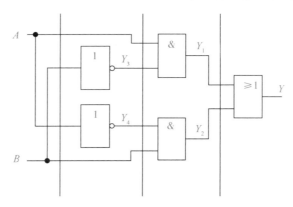

图 8-5　例 8-5 题图

【解】（1）求逻辑表达式的方法：先标明各级输出，再逐级写出各级表达式；最后代入得逻辑函数表达式。

$$Y_1 = A \cdot Y_3 ; \quad Y_2 = B \cdot Y_4 ; \quad Y_3 = \bar{B} ; \quad Y_4 = \bar{A}$$

$$Y = Y_1 + Y_2 = \bar{A}B + \overline{AB} = A \oplus B$$

（2）依据表达式计算可得真值表如表 8-11 所示。

表 8-11　例 8-5 真值表

A	B	Y
0	0	1
0	1	0
1	0	0
1	1	1

3. 逻辑图

逻辑图是用逻辑符号表示逻辑函数的方法。特点：逻辑符号与数字电路器件有明显的对应关系，比较接近于工程实际。它可以把实际电路的组成和功能清楚地表示出来，另外又可以从已知的逻辑图方便地选取电路器件，制作成实际数字电路。

【例 8-6】画出与函数式 $Y = AB + BC + AC$ 对应的逻辑图，如图 8-6 所示。

【解】分析表达式，并根据运算顺序，首先应用三

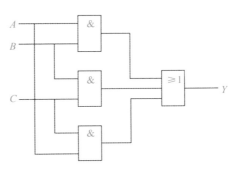

图 8-6　例 8-6 题图

个与门分别实现 A 与 B、B 与 C 和 A 与 C，然后再用或门将三个与项相加。

4. 波形图

波形图反映了逻辑变量的取值时间变化的规律，所以也叫作时序图。波形图可以直观地表达输入变量与输出变之间的逻辑关系。图 8-7 为函数 $F=\bar{A}C+BC$ 的输入 A、B、C 和 F 输出的波形图。特点：能清楚地表达出变量间的时间关系和函数值随时间变化的规律。

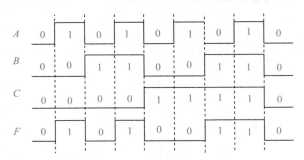

图 8-7　函数 $F=\bar{A}C+BC$ 的输入 A、B、C 和 F 输出的波形图

8.3　逻辑代数的基本定律及规则

8.3.1 基本公式

与代数运算相似，逻辑代数的运算也存在一些基本定律，如表 8-12 所示。掌握这些定律是进行逻辑代数运算与推演的必备知识，也是进行数字电路分析与设计的重要基础之一。

表 8-12　逻辑代数基本定律

名　称	与运算	或运算
01 律	$A \cdot 1=A$ $A \cdot 0=0$	$A+0=A$ $A+1=1$
互补律	$A \cdot \bar{A}=0$	$A+\bar{A}=1$
重叠律	$A \cdot A=A$	$A+A=A$
交换律	$A \cdot B=B \cdot A$	$A+B=B+A$
结合律	$A \cdot (B \cdot C)=(A \cdot B) \cdot C$	$A+(B+C)=(A+B)+C$
分配律	$A \cdot (B+C)=(A \cdot B)+(A \cdot C)$	$A+(B \cdot C)=(A+B) \cdot (A+C)$
反演律	$\overline{A \cdot B}=\bar{A}+\bar{B}$	$\overline{A+B}=\bar{A} \cdot \bar{B}$
还原律		$\bar{\bar{A}}=A$

表 8-12 所列的定律，最有效的证明方法是检验等式两边函数的真值表是否相同。

【例 8-7】用真值表法证明公式 $\overline{A \cdot B} = \overline{A} + \overline{B}$。

【解】将等式两边的函数表达式的真值表合并成一个真值表得表 8-13。

表 8-13 例 8-7 的真值表

输　入		左边函数		右边函数		
A	B	$A \cdot B$	$\overline{A \cdot B}$	$\overline{A}$	$\overline{B}$	$\overline{A} + \overline{B}$
0	0	0	1	1	1	1
0	1	0	1	1	0	1
1	0	0	1	0	1	1
1	1	1	0	0	0	0

故等式两边函数相等，公式 $\overline{A \cdot B} = \overline{A} + \overline{B}$ 成立。此定律可推演为多位输入变量的形式

$$\overline{A \cdot B \cdot C \cdots} = \overline{A} + \overline{B} + \overline{C} + \cdots$$

读者可运用真值表证明法，证明 $\overline{A + B} = \overline{A} \cdot \overline{B}$ 和是否成立。

8.3.2 常用公式

在逻辑代数中的一些常用公式，往往给化简逻辑函数带来许多方便，从而达到简化数字电路的设计的作用。下面，列出一些常用的公式。读者可自行用真值表法或由基本公式推演证明这些常用公式。

（1）$AB + A = A$

（2）$AB + A\overline{B} = A$

（3）$A + \overline{A}B = A + B$

（4）$AB + \overline{A}C + BC = AB + \overline{A}C$

（5）$\overline{A \oplus B} = A \odot B$

8.3.3 逻辑代数的基本规则

逻辑代数的基本规则有代入规则、反演规则和对偶规则。代入规则可用于基本定律和常用公式的推广；利用反演规则可求逻辑函数的非函数，利用对偶规则可简化公式的记忆。

1. 代入规则

由于任何一个逻辑函数与任何一个逻辑变量的取值都一样，只能 0 或 1。可以将任何一个含有逻辑变量 A 的等式，用一个逻辑函数来替代所有变量 A 的位置，则等式仍成立，这称为代入规则。

【例 8-8】证明：在 $A(B + C) = AB + AC$ 中，用 BCD 代入原式所有出现 A，则等式仍成立。

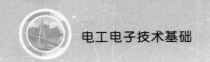

【证明】

左边 $=BCD$ $(B+C)$ $=BCD \cdot B+BCD \cdot C=BCD+BCD=BCD$

右边 $=BCD \cdot B+BCD \cdot C=BCD+BCD=BCD$

左边 $=$ 右边，等式成立。

同理，用 CD 代替等式 $\overline{A \cdot B}=\overline{A}+\overline{B}$ 的 B 变量，得到的等式 $\overline{A+CD}=\overline{A}+\overline{CD}$ 仍是成立。

2. 反演规则

若求逻辑函数的反函数，应用反演规则来求解十分快捷。其方法可叫作："三变，一不变"。"三变"是将原函数中所有的"+"与"·"互变换，"0"与"1"互变换，原变量与反变量互变换（运用一次反演规则，原反变量的变换只能转换一次）；"一不变"是变量间的运算次序不变。

基本定律中的反演律 $\overline{A \cdot B}=\overline{A}+\overline{B}$，也可以应用反演规则得到。$\overline{A \cdot B}$ 可以认为是求函数 $Y=AB$ 的反函数，$A \cdot B$ 作为原函数。利用反演规则，原变量 A 和 B 变换为 $\overline{A}$ 和 $\overline{B}$，原函数的"·"运算变换为"+"运算，运算次序不变，得 $\overline{A \cdot B}=\overline{Y}=\overline{A}+\overline{B}$。

【例 8-9】 求逻辑函数 $Y=A \cdot 1+$ $(B+\overline{C}+0)$ $D+\overline{EF}$ 的反函数。

【解】 先将原函数进行与运算和非运算符下的变量加上括号，以保持变量运算的次序在变换中不变。

$$Y=(A \cdot 1)+[(B+\overline{C}+0) D]+\overline{(EF)}$$

$$\overline{Y}=(\overline{A}+0) \cdot [(\overline{B} \cdot C \cdot 1)+\overline{D}] \cdot (EF)$$

$$=\overline{A} \cdot [(\overline{B} \cdot C)+\overline{D}] \cdot (EF)$$

$$=\overline{A}EF \cdot [(\overline{B} \cdot C)+\overline{D}]=\overline{A}BCEF+\overline{A}DEF$$

3. 对偶规则

所谓对偶规则是指当某个逻辑恒等式成立时，其对偶式也成立。

在表 8-12 逻辑代数基本定律的多条公式时，能利用对偶规则从第二列的"与运算公式"得到第三列"或运算公式"，达到事半功倍的效果。其方法可叫作："二变，二不变"。"二变"是将原函数中所有的"+"与"·"互变换，"0"与"1"互变换；"二不变"是原变量与反变量都不变换，变量间的运算次序不变，那么得到的新逻辑恒等式称为原等式的对偶式。例如，公式 $A+1=1$ 的对偶式是 $A \cdot 0=0$；公式 $\overline{A+B}=\overline{A} \cdot \overline{B}$ 的对偶式是 $\overline{A \cdot B}=\overline{A}+\overline{B}$；公式 $A \cdot (B+C)=(A \cdot B)+(A \cdot C)$ 的对偶式是 $A+(B \cdot C)=(A+B) \cdot (A+C)$。

利用对偶规则，还可以从已知的公式中得到更多的运算公式。例如，常用公式中的 $A+\overline{A}B=A+B$ 成立，则它的对偶式 $A \cdot (\overline{A}+B)=A \cdot B$ 也成立。

8.4　逻辑函数的标准表达式

8.4.1　逻辑函数的常见形式

一个逻辑函数可以有多种不同的逻辑表达式，具体内容如下：

$$Y = AB + \bar{B}C \qquad\qquad 与一或表达式$$

$$= (A + \bar{B}) \cdot (B + C) \qquad 或一与表达式$$

$$= \overline{\overline{AB} \cdot \overline{\bar{B}C}} \qquad\qquad 与一非表达式$$

$$= \overline{\overline{A + B} + \overline{\bar{B} + C}} \qquad 或一非表达式$$

$$= \overline{\overline{A\bar{B}} + \overline{B\bar{C}}} \qquad\qquad 与一或一非表达式$$

常用逻辑函数标准表达式主要是标准的与一或表达式和标准的或一与表达式。

为得到逻辑函数标准的与一或表达式和标准的或一与表达式，首先要理解最小项和最大项的的概念。

8.4.2　最小项和最大项

1. 最小项

最小项又称为标准与项，指在含 n 个变量的逻辑函数中，如果有一个与项含有所有变量，该与项的每个变量以反变量形式或原变量形式出现并且只出现一次，该与项就是 n 个变量的最小项。对于 n 个自变量的逻辑函数，共有 2^n 个最小项。

例如，A、B、C 是三个逻辑变量，由这三个变量可构成许多与项，依据最小项的定义，能构成最小项的只有 $2^3 = 8$ 个：$\bar{A}\bar{B}\bar{C}$、$\bar{A}\bar{B}C$、$\bar{A}B\bar{C}$、$\bar{A}BC$、$A\bar{B}\bar{C}$、$A\bar{B}C$、$AB\bar{C}$、ABC。

为了表示方便，常把最小项加以编号。以三个变量的最小项 $\bar{A}\bar{B}C$ 为例，将最小项的反变量用 0 表示，原变量用 1 表示，所得二进制数 011，转换成十进制数为 3，所以把 $\bar{A}\bar{B}C$ 记作 m_3。按此原则，可得三个变量的最小项编号如表 8-14 所示。

表 8-14　三个变量最小项编号

最小项	$\bar{A}\bar{B}\bar{C}$	$\bar{A}\bar{B}C$	$\bar{A}B\bar{C}$	$\bar{A}BC$	$A\bar{B}\bar{C}$	$A\bar{B}C$	$AB\bar{C}$	ABC
二进制编码	000	001	010	011	100	101	110	111
十进制编码	0	1	2	3	4	5	6	7
最小项编号	m_0	m_1	m_2	m_3	m_4	m_5	m_6	m_7

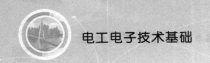

2. 最大项

最大项又称为标准或项，指在含 n 个变量的逻辑函数中，如果有一个或项含有所有变量，该或项的每个变量以反变量形式或原变量形式出现并且只出现一次，该或项就是 n 个变量的最大项。对于 n 个自变量的逻辑函数，共有 2^n 个最大项。

还是 A、B、C 三个逻辑变量，根据据最大项的定义，能构成最大项的只有 $2^3 = 8$ 个：$A + B + C$、$\overline{A} + B + \overline{C}$、$\overline{A} + B + C$、$A + \overline{B} + C$、$\overline{A} + B + \overline{C}$、$A + \overline{B} + \overline{C}$、$\overline{A} + \overline{B} + C$、$\overline{A} + \overline{B} + \overline{C}$。

最小项的编号用小写字母 m 附下标表示，最大项的编号则用大写 M 附下标表示。最大项编号的方法：该或项将其原变量用 0、反变量用 1 代入（与最小项的相反），将其对应的二进制数转换为十进制数作为 M 的下标。例如，最大项 $\overline{A} + \overline{B} + C$ 对应 $[110]_2 = [6]_{10}$，所以把 $\overline{A} + \overline{B} + C$ 记作 M_6。按此原则，可得三个变量的最大项编号如表 8-15 所示。

表 8-15 三个变量最大项编号

最大项	$A+B+C$	$A+B+\overline{C}$	$A+\overline{B}+C$	$A+\overline{B}+\overline{C}$	$\overline{A}+B+C$	$\overline{A}+B+\overline{C}$	$\overline{A}+\overline{B}+C$	$\overline{A}+\overline{B}+\overline{C}$
二进制	000	001	010	011	100	101	110	111
十进制	0	1	2	3	4	5	6	7
编号	M_0	M_1	M_2	M_3	M_4	M_5	M_6	M_7

3. 逻辑函数的标准表达式

任何一个逻辑函数都可以表示成唯一的一组最小项之和，称为标准与或表达式，也称为最小项表达式。

对于不是最小项表达式的与或表达式，可利用公式 $A + \overline{A} = 1$ 和 $A(B+C) = AB + BC$ 来配项展开成最小项表达式。

【例 8-10】

$$Y = \overline{A} + BC$$

$$= \overline{A}(B+\overline{B})(C+\overline{C}) + (A+\overline{A})BC$$

$$= \overline{A}BC + \overline{A}B\overline{C} + \overline{A}\,\overline{B}C + \overline{A}\,\overline{B}\,\overline{C} + ABC + \overline{A}BC$$

$$= \overline{A}\,\overline{B}\,\overline{C} + \overline{A}\,\overline{B}C + \overline{A}B\overline{C} + \overline{A}BC + ABC$$

$$= m_0 + m_1 + m_2 + m_3 + m_7$$

$$= \sum m(0,1,2,3,7)$$

如果列出了函数的真值表，则只要将函数值为 1 的那些最小项相加，便是函数的最小项表达式。

8.4.3 逻辑函数的化简

设计逻辑电路时，电路的复杂程度与逻辑函数表达式的繁简程度密切相关。通常逻辑函数表达式越简单，对应的逻辑电路也就越简单，所需要的器件也就愈少，这样既节省了电路成本，也提高了电路的运算速度和可靠性。所以逻辑函数化简十分必要。

在概括逻辑问题时，常从真值表直接查到的是与或表达式，同时与或表达式也比较容易转换成其他形式的表达式，所以本节所谓的化简，就是指要求化简为最简的与—或表达式。

最简与或表达式的标准是：表达式中的与项的个数最少；每个与项所含的变量个数最少。公式法化简是利用逻辑函数的基本公式、定律及常用公式来对函数进行的化简方法。通常公式法化简可概括为如下几种方法。

1. 并项法

利用 $AB+A\bar{B}=A$，将两项合并为一项，并消去一个变量。

例如：$\bar{A}BC+\bar{A}\bar{B}C=\bar{A}C\cdot(B+\bar{B})=\bar{A}C$

$ABC+A\bar{B}\bar{C}=A\bar{B}C+A\bar{B}\bar{C}=AB(C+\bar{C})+A\bar{B}(C+\bar{C})=AB+A\bar{B}=A(B+\bar{B})=A$

2. 吸收法

利用 $A+AB=A$，吸收多余 AB 这一项。

例如，$\bar{A}C+\bar{A}BC(D+E)=\bar{A}C\cdot[1+B(D+E)]=\bar{A}C\cdot 1=\bar{A}C$

3. 消去法

利用 $A+\bar{A}B=A+B$，消去多余的因子 $\bar{A}$。

例如，$ABC+\overline{ABC}\cdot D=ABC+D$

$\bar{A}+\bar{A}C+BC=\bar{A}(B+C)+BC=\bar{A}\cdot\overline{BC}+BC=\bar{A}+BC$

4. 配项法

为达到化简的目的，有时给某个与项乘以 $A+\bar{A}=1$，把一项变为两项与其他项合并进行化简；有时也可以添加一项，如 $B\bar{B}=0$；或者将某个与项乘以 $1+A=1$，再进行化简。如

$$AB+\bar{A}C+BC=AB+\bar{A}C=BC(A+\bar{A})=AB+\bar{A}C+ABC+\bar{A}C$$
$$=AB(1+C)+\bar{A}C(1+B)=AB+\bar{A}C$$

【例 8-11】用公式法化简 $AB+\bar{A}C+\bar{C}D+D$

【解】　　$AB+\bar{A}C+\bar{C}D+D$

$=AB+\bar{A}C+(\bar{C}D+D)$　　　（利用消去法，$A+\bar{A}B=A+B$）

$=AB+(\bar{A}C+\bar{C})+D$

$=AB+\bar{A}+\bar{C}+D$

$=\bar{A}+B+\bar{C}+D$

【例 8-12】用公式法化简 $A\bar{B}+BC+\bar{A}\bar{C}+AB+\bar{A}BC$

【解】 $\overline{A}B+BC+\overline{A}\overline{C}+AB+\overline{A}BC$

$= (\overline{A}B+\overline{A}BC)+BC+\overline{A}\overline{C}+AB$ （利用吸收法，$A+AB=A$）

$=\overline{A}B+BC+\overline{A}\overline{C}+AB$

$=A(B+\overline{B})+BC+\overline{A}\overline{C}$ （利用并项法，$AB+A\overline{B}=A$）

$= (A+\overline{A}\overline{C})+BC$ （利用消去法，$A+\overline{A}B=A+B$）

$=A+(\overline{C}+BC)$ （利用消去法，$A+\overline{A}B=A+B$）

$=A+B+\overline{C}$

除了利用逻辑代数公式进行化简外，还可以进行逻辑表达式的变换。例如，将一个与或表达式转换成可以用与门电路实现的与非-与非表达式，只需将原与或表达式先二次求非，再利用一次反演律，去掉其中的一个非号。如，$Y=AB+\overline{A}C=\overline{\overline{AB+\overline{A}C}}=\overline{\overline{AB}\cdot\overline{\overline{A}C}}$。

本章小结

本章主要介绍了数字逻辑基础的相关知识，帮助读者了解数制与编码，并掌握逻辑代数的基本定律及规则。希望通过本章的学习，读者能够掌握逻辑函数的表示方法，更好地理解数字系统的组成和逻辑运算，提高数字系统设计和建模能力。

习题 8

1. 将下列十进制数转换为二进制。

(1) $(186)_{10}$ (2) $(35)_{10}$

(3) $(98)_{10}$ (4) $(192)_{10}$

2. 将下列二进制转换为十进制和八进制。

(1) $(11001010)_2$ (2) $(101110)_2$ (3) $(100011)_2$

3. 将下列八进制转换为二进制和十六进制。

(1) $(328)_8$ (2) $(136)_8$ (3) $(725)_8$ (4) $(658)_8$

4. 将下列十六进制转换为二级制和十进制。

(1) $(6CE)_{16}$ (2) $(8ED)_{16}$ (3) $(A98)_{16}$ (4) $(D82)_{16}$

5. 试用列真值表的方法证明下列异或运算公式。

(1) $A\oplus 0=A$ (2) $A\oplus 1=\overline{A}$

(3) $A\oplus A=0$ (4) $A\oplus \overline{A}=1$

6. 用逻辑代数的基本公式和常用公式将下列逻辑函数化为最简与或形式。

（1）$Y = A\bar{B} + B + \bar{A}B$

（2）$Y = \bar{A}BC + \bar{A} + B + \bar{C}$

（3）$Y = \overline{A\bar{B}}C + \overline{A\bar{B}}$

（4）$Y = \bar{A}BCD + ABD + A\bar{C}D$

（5）$Y = A\bar{B}(\bar{A}CD + AD + \overline{\bar{B}C})(\bar{A} + B)$

7. 已知逻辑函数 Y 的真值表如题表 1 所示，写出 Y 的逻辑函数式。

表 8-1　题表 1

A	B	C	Y
0	0	0	1
0	0	1	1
0	1	0	1
0	1	1	0
1	0	0	0
1	0	1	0
1	1	0	0
1	1	1	1

8. 写出题图中各逻辑图的逻辑函数式，并化简为最简与或式。

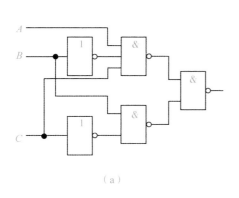

（a）

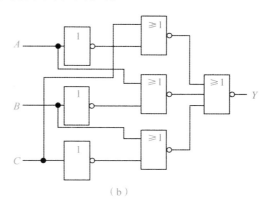

（b）

题图 1

9. 求下列函数的反函数并化为最简与或形式。

（1）$Y = AB + C$

（2）$Y = (A + BC)\bar{C}D$

（3）$Y = \overline{(A + \bar{B})(\bar{A} + C)AC} + BC$

（4）$Y=\overline{\overline{\overline{ABC}}+CD}（AC+BC）$

（5）$Y=\overline{A}D+\overline{A}C+\overline{B}CD+C$

10. 将下列各函数式化为最小项之和的形式。

（1）$Y=\overline{A}BC+A\overline{C}+B\overline{C}$

（2）$Y=\overline{A}\overline{B}CD+BCD+\overline{A}D$

（3）$Y=A+B+CD$

（4）$Y=AB+\overline{\overline{BC}（\overline{C}+D）}$

11. 证明下列逻辑恒等式。

（1）$\overline{A}B+B+\overline{A}B=A+B$

（2）$（A+\overline{C}）（B+D）（B+\overline{D}）=AB+\overline{B}C$

（3）$\overline{（A+B+\overline{C}）\,\overline{C}D}+（B+\overline{C}）（\overline{A}BD+\overline{B}\overline{C}）=1$

（4）$\overline{A}\,\overline{B}\,\overline{C}D+\overline{A}BC\overline{D}+A\overline{B}CD+ABC\overline{D}=\overline{AC+\overline{A}C+BD+\overline{B}D}$

12. 用公式法化简下列函数。

（1）$F=\overline{A}B\overline{C}+\overline{A}BC+A\overline{B}C+ABC$

（2）$F=\overline{A}\,\overline{B}C+\overline{A}BC+ABC+A\overline{B}C$

（3）$F=A+\overline{A}BCD+\overline{A}B\overline{C}+BC+B\overline{C}$

（4）$F=\overline{A}\,\overline{B}\,\overline{C}+AC+B+C$

（5）$F=（A+\overline{A}C）（A+CD+D）$

第 9 章　逻辑门电路

本章导读

所谓"逻辑"是指事件的前因后果所遵循的规律，反映事物逻辑关系的变量称为逻辑变量。如果把数字电路的输入信号看作"条件"，把输出信号看作"结果"；那么数字电路的输入与输出信号之间存在着一定的因果关系，即存在逻辑关系，能实现一定逻辑功能的电路称为逻辑门电路；它是构成数字电路的基本单元。基本逻辑门电路有：与门、或门和非门。复合逻辑门电路有：与非门、或非门、与或非门、异或门等。

在集成技术迅速发展和广泛运用的今天，分立元件门电路已经很少用了，但不管功能多么强，结构多么复杂的集成门电路，都是以分立元件门电路为基础，经过改造演变过来的。本章主要介绍逻辑门电路，包括基本逻辑门电路和与非门等内容。

学习目标

➤ 掌握逻辑电路基本知识。
➤ 了解基本逻辑门电路。
➤ 了解与非门、或非门和异或门。

思政目标

➤ 培养学生具有炽热的家国情怀和崇高的民族气节，具有个人的爱国之心、报国之志、效国之行和强国之情。
➤ 培养学生相关性思维，发扬严谨细致、勇于创新的工匠精神。

9.1　基本逻辑门

9.1.1　逻辑电路基本知识

1. 逻辑状态的表示方法

用数字符号 0 和 1 表示相互对立的逻辑状态，称为逻辑 0 和逻辑 1，如表 9-1 所示。

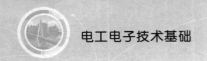
表 9-1　常见的对立逻辑状态示例

一种状态	高电位	有脉冲	闭合	真	上	是	……	1
另一种状态	低电位	无脉冲	断开	假	下	非	……	0

2. 高、低电平规定

用高电平、低电平来描述电位的高低。高低电平不是一个固定值，而是一个电平变化范围，如图 9-1（a）所示。在集成逻辑门电路中规定如下。

标准高电平 V_{SH}——高电平的下限值。

标准低电平 V_{SL}——低电平的上限值。

在应用时，高电平应大于或等于 V_{SH}；低电平应小于或等于 V_{SL}。

3. 正、负逻辑规定

正逻辑：用 1 表示高电平，用 0 表示低电平的逻辑体制。

负逻辑：用 1 表示低电平，用 0 表示高电平的逻辑体制。

9.1.2　基本逻辑门电路

基本的逻辑门电路包括三种：与门、或门和非门。

1. 与门

与门电路是能满足输入与输出变量之间与逻辑关系的电路。由二极管组成的与门电路如图 9-2（a）所示，图 9-2（b）是二输入与门的逻辑符号。图中 A、B 为输入端，Y 为输出端。下面分析二极管与门的工作原理

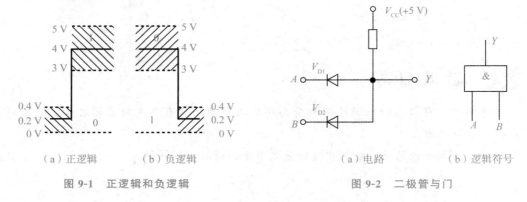

（a）正逻辑　　（b）负逻辑
图 9-1　正逻辑和负逻辑

（a）电路　　（b）逻辑符号
图 9-2　二极管与门

当 A、B 都为低电平（如 $V_A = V_B = 0$ V）时，V_{D1}、V_{D2} 都正向导通。设二极管的正向导通压降为 0.7 V，则输出电压为 0.7 V。

当 A、B 中任一个为低电平时，接低电平的二极管优先导通，使输出仍为低电平 0.7 V。当输出为 0.7 V 时，接高电平的二极管反偏截止。

当 A、B 都为高电平（如 $V_A = V_B = 3$ V）时，V_{D1}、V_{D2} 都正向导通，输出电压为 3.7 V。

设高电平用 1 表示，低电平用 0 表示，上述输入输出关系可归入表 9-2 中。

这种用高电平表示 1，低电平表示 0 的方式称为正逻辑，反之称为负逻辑。从表 9-2 可知，Y 与 A、B 之间的关系是：只有当 A 和 B 全为 1，Y 输出 1；否则 Y 输出 0。

其逻辑表达式为

$$Y = A \cdot B$$

表 9-2　二极管与门真值表

A	B	Y
0	0	0
0	1	0
1	0	0
1	1	1

与门除了能进行与运算外，还常在数控电路中用做控制门。其控制作用如图 9-3 所示。当控制端 A 为高电平 1 时，输入端 B 的矩形脉冲能通过与门到达输出端，称与门被打开。反之，当控制端 A 为低电平 0 时，输出为 0，输入信号不能通过与门，称与门被关闭。

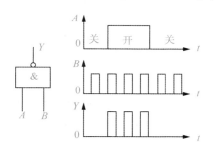

图 9-3　与门控制作用

在实际的应用中，常用集成电路代替分立元件电路。74LS08 是四路二输入与门集成电路，其外形与外引脚电路图如图 9-4 所示。

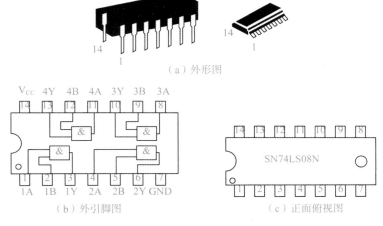

（a）外形图

（b）外引脚图　　　　　　　　　（c）正面俯视图

图 9-4　74LS08 外形与外引脚图

集成电路的外引脚排序是有规律的。识别的方法是：面对集成电路的字符标志面，以半圆缺口或小圆点的左下方开始为 1 脚，按逆时针顺序编号，直到编完为止。图 9-4 中，14 脚外接电源正极（+5 V），7 脚接地。引脚名称中，A 和 B 表示输入端，Y 表示输出端。同属一个逻辑与门的前缀相同，如 2A、2B 和 2Y 同属一个与门，对应外引脚分别为 4、5 和 6。注意，只有在 V_{CC} 和 GND 接上正确的电压时，集成块中的与门才能正常工作。工作时，高电平输出电压 V_{OH} 典型值为 3.6 V，低电平输出电压 V_{OL} 典型值为 0.3 V。

常用的 TTL 集成与门电路还有 3 路 3 输入与门电路 74LS11 和 2 路 4 输入与门电路 74LS21，它们的外引脚图如图 9-5（a）和 9-5（b）所示。其中，NC 表示不用的引脚。

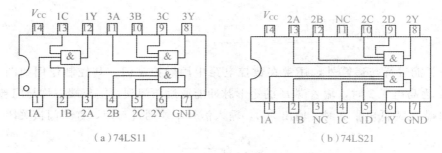

（a）74LS11　　　　　　　　　　（b）74LS21

图 9-5　其他与门集成电路外引脚图

2. 或门

或门电路是能满足输入与输出变量之间或逻辑关系的电路。图 9-6 是由二极管组成的二输入或门的逻辑电路和逻辑符号。图 9-6 中 A、B 为输入端，Y 为输出端。二极管或门的工作原理如下。

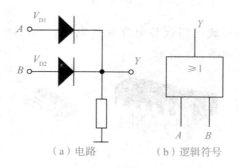

（a）电路　　　　　　（b）逻辑符号

图 9-6　二极管或门

（1）当 A、B 都为低电平（如 $V_A = V_B = 0$ V 时，V_{D1}、V_{D2} 都反向截止，则输出的电压为 0 V。

（2）当 A、B 中任一个为高电平 3 V 时，接高电平的二极管优先导通，使输出为高电平 2.3 V，输入为低电平的二极管则反偏截止。

（3）当 A、B 都为高电平（如 $V_A = V_B = 3$ V）时，V_{D1}、V_{D2} 正向导通，输出电压为 2.3 V。

设高电平用 1 表示，低电平用 0 表示，上述输入输出关系如表 9-3 所示。

表 9-3　二极管或门真值表

A	B	Y
0	0	0
0	1	1
1	0	1
1	1	1

从表 9-3 中可以观察到，Y 与 A、B 之间的关系是：只有当 A 和 B 全为 0 时，Y 才输出 0；否则 Y 输出 1。其逻辑表达式为

$$Y=A+B$$

或门在数控电路中也可作为控制门。其控制作用如图 9-7 所示。当控制端 A 为低电平 0 时，输入端 B 的矩形脉冲能通过或门到达输出端，称或门被打开。反之，当控制端 A 为高电平 1 时，输出恒为 1，矩形脉冲不能通过或门，称为或门被关闭。

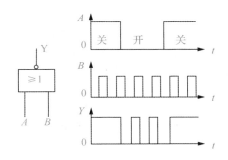

图 9-7　或门控制作用

在实际的应用中，常使用 TTL 集成或门电路是 4 路二输入的或门 74LS32，其外引脚电路图如图 9-8 所示。其引脚顺序与 74LS08 相同。

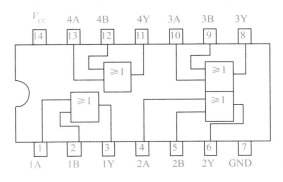

图 9-8　74LS32 外引脚图

3. 非门

三极管有三种工作状态：截止、放大和饱和。在模拟电子技术中，三极管主要工作在放

大区，而在数字电子技术中，三极管主要工作在截止区和饱和区。由三极管反相器构成的非门电路及逻辑符号如图 9-9（a）所示。它能满足输入与输出变量之间逻辑非关系。反相器的电压传输特性如图 9-9（b）所示。

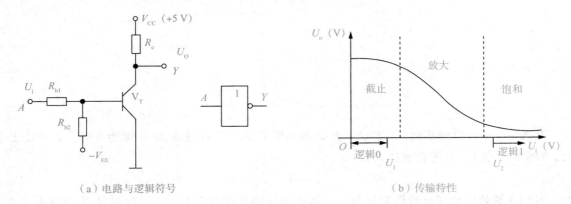

（a）电路与逻辑符号　　　　　　　　　（b）传输特性

图 9-9　三极管反相器

图 9-9（b）中，电压 u_1 表示三极管发射结导通电压，u_2 是恰好使 $I_B = I_{BS}$（临界饱和电流）的电压。当 $u_i < u_1$ 时，三极管截止；当 $u_i > u_1$ 时，三极管饱和。设逻辑 0 电压小于 u_1，逻辑 1 的电压大于 u_2。那么，当输入为逻辑 0 时，三极管截止，输出 Y 接近 V_{CC}，即输出逻辑 1；当输入为逻辑 1 时，三极管饱和，输出 Y 约为 0.3 V，即输出逻辑 0。由此可得反相器的输入与输出端之间能实现非逻辑运算。其真值表如表 9-4 所示。逻辑表达式为

$$Y = \overline{A}$$

表 9-4　三极管非门真值表

A	Y
0	1
1	0

在实际的应用中，常使用 6 路非门 TTL 集成电路 74LS04，其外引脚电路图如图 9-10 所示。

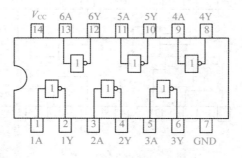

图 9-10　74LS04 外引脚图

9.2 复合逻辑门

复合逻辑门是由两种以上的基本逻辑门电路组合而成。常见的复合逻辑门电路有与非门、或非门、与或非门、异或门和同或门。其中，与非门和或非门应用最广泛。下面将着重介绍与非门和或非门。

9.2.1 与非门

如图 9-11（a）所示电路是由与门和非门串接而成的复合逻辑与非门。图 9-11（b）是与非门的逻辑符号。图 9-11（a）中，A、B 为输入端，Y 为输出端。P 点是与门和非门电路的连接点 P 即是与门的输出端，也是非门的输入端。由此可得

$$P = A \cdot B$$
$$Y = \overline{P} = \overline{A \cdot B}$$

与非门的真值表如表 9-5 所示。

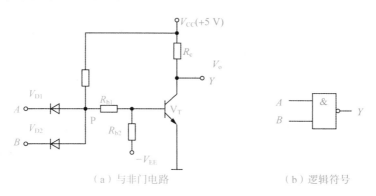

（a）与非门电路　　　　　　　　　　（b）逻辑符号

图 9-11　分立元件与非门

表 9-5　与非门真值表

A	B	Y
0	0	1
0	1	1
1	0	1
1	1	0

在实际的应用中，常使用的 TTL 集成与非门电路如下。

4 路 2 输入与非门 74LS00、3 路 3 输入与非门 74LS10、2 路 4 输入与非门 74LS20、8 输入与非门 74LS30。其外引脚电路图如图 9-12 所示。

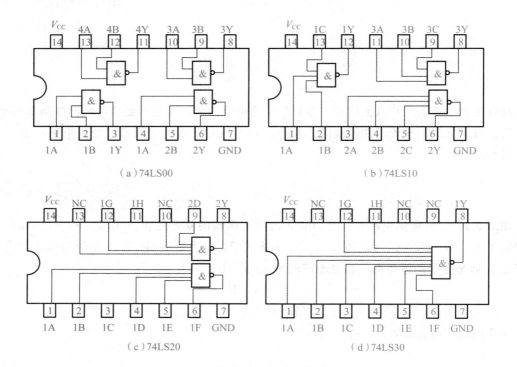

图 9-12　常用 TTL 与非门外引脚图

【例 9-1】试用 74LS00 实现逻辑函数 $Y = A + B\overline{C}$。

【解】因为 74LS00 只能进行与非运算，所以，先利用反演定律将 $Y = A + B\overline{C}$ 转换成与非运算。

$$Y = A + B\overline{C} = \overline{\overline{A + B\overline{C}}} = \overline{\overline{A} \cdot \overline{B\overline{C}}} = \overline{\overline{A} \cdot \overline{A} \cdot B \cdot \overline{C} \cdot \overline{C}}$$

按逻辑表达式绘出逻辑图如图 9-13 所示。与非门引脚边的数字是外引脚序号。

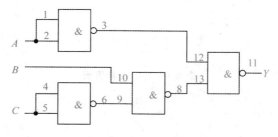

图 9-13　例 9-1 的逻辑图

9.2.2　或非门

图 9-14 所示的电路是由或门和非门串接而成的复合逻辑或非门及其逻辑符号。图 9-14（a）中 A、B 为输入端，Y 为输出端。P 点是与门和非门电路的连接点。P 是或门的输出端，也是非门的输入端。由此可得

$$P = A + B \qquad Y = \overline{P} = \overline{A + B}$$

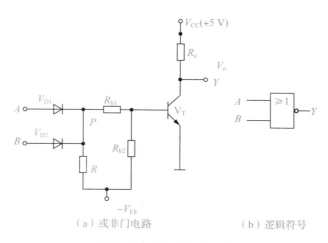

（a）或非门电路　　　　　　　　（b）逻辑符号

图 9-14　分立元件或非门

或非门的真值表如表 9-6 所示。

表 9-6　与或门真值表

A	B	Y
0	0	1
0	1	1
1	0	1
1	1	0

在实际的应用中，常使用 TTL 集成或非门电路有：4 路 2 输入或门 74LS02、3 路 3 输入或门 74LS27。其外引脚电路图如图 9-15 所示。

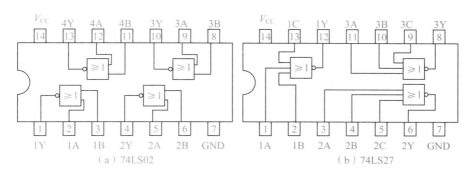

（a）74LS02　　　　　　　　　　　（b）74LS27

图 9-15　常用 TTL 或非门外引脚图

【例 9-2】试用 74LS02 实现逻辑函数 $Y = A\overline{C} + B\overline{C}$。

【解】因为 74LS02 只能进行或非运算，所以，先利用反演定律将 $Y = A\overline{C} + B\overline{C}$ 转换成或非运算。

$$Y = \overline{\overline{AC} + \overline{BC}} = (A+B) \cdot \overline{C} = \overline{\overline{(A+B) \cdot \overline{C}}} = \overline{\overline{(A+B)} + \overline{\overline{C}}} = \overline{\overline{A+B} + C}$$

按逻辑表达式绘出逻辑图如图 9-16 所示，其中，或非门引脚边的数字代表外引脚序号。

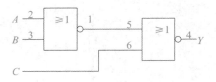

图 9-16　例 9-2 的逻辑图

9.2.3　与或非门

图 9-17 为 74LS55 的外引脚图和逻辑符号。它是 2 路 4 输入的"与或非"逻辑门电路。从图 9-17（a）中可以看出，与或非门是由两个四输入的与门和一个二输入的或非门构成，运算时先进行两路四输入的与运算，再将与的结果进行或非运算。其逻辑表达式为

$$Y=\overline{ABCD+EFGH}$$

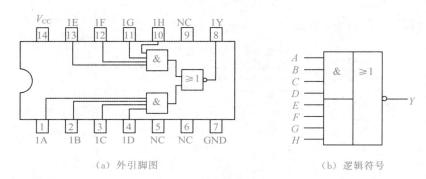

（a）外引脚图　　　　　　　　　　　（b）逻辑符号

图 9-17　74LS55 外引脚图及逻辑符号

另外，74LS54 是 3-2-2-3 输入"与或非"门电路，如图 9-18 所示。电路内部包含是由 2 个 2 输入与门和 2 个 3 输入与门作为第一级输入，1 个四输入或非门作为末级输出。其逻辑表达式为

$$Y=\overline{ABC+DE+FG+HIJ}$$

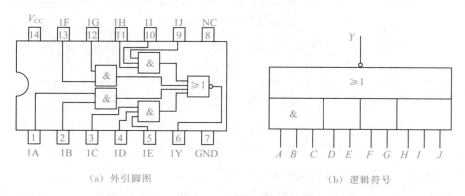

（a）外引脚图　　　　　　　　　　　（b）逻辑符号

图 9-18　74LS54 外引脚图及逻辑符号

9.2.4　异或门

TTL 集成逻辑门电路 74LS86 是 4 路 2 输入的"异或"门。其外引脚图及逻辑符号如图

9-19 所示。逻辑表达式为

$$Y = A \oplus B = \overline{A}B + A\overline{B}$$

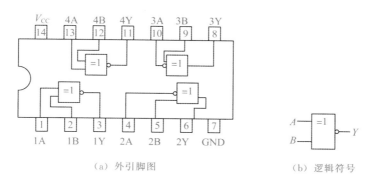

（a）外引脚图 （b）逻辑符号

图 9-19 74LS86 外引脚图及逻辑符号

【例 9-3】用 74LS00 与非门实现异或门电路的逻辑功能。

【解】异或门的表达式中含与、或、非运算，而 74LS00 只能进行与非运算。所以应先将表达式转换成与非—与非表达式。

$$Y = A \oplus B = \overline{A}B + A\overline{B}$$
$$= \overline{\overline{\overline{A}B + A\overline{B}}} = \overline{\overline{\overline{A}B} \cdot \overline{A\overline{B}}}$$

用逻辑图表示如图 9-20 所示。

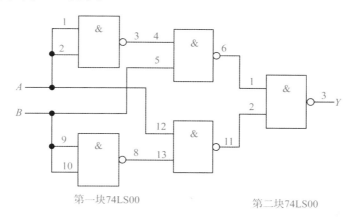

第一块74LS00　　　　　第二块74LS00

图 9-20 例 9-3 的逻辑电路图

9.2.5 同或门

同或运算与异或运算之间是逻辑非的关系。在设计中可以用异或门再接一个"非"门可得到同或门的逻辑功能，如图 9-21 所示。在 TTL 集成电路中，74LS266 是集电集开路（又称为 OC 门）的 4 路 2 输入同或门，其外引脚图和逻辑符号如图 9-22 所示。同或门的逻辑表达式为

$$Y = A \odot B = \overline{A}\,\overline{B} + AB$$

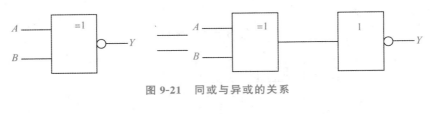

图 9-21　同或与异或的关系

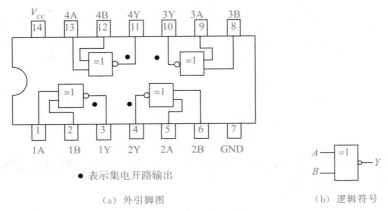

● 表示集电开路输出

（a）外引脚图　　　　　　　　　　　（b）逻辑符号

图 9-22　74LS266 的外引脚图及逻辑符号

本章小结

本章主要介绍了逻辑门电路的相关知识，帮助读者了解复合逻辑门，并掌握基本逻辑门的功能和逻辑表达式。希望通过本章的学习，读者能够掌握基本逻辑门的工作原理，提高逻辑门电路设计能力，准确的写出逻辑表达式并画出波形图。

习题 9

1. 在下题图 1 所示二极管门电路中，设二极管导通压降 $V_D = +0.7$ V，内阻 $r_D < 10$ Ω。设输入信号的 $V_{1H} = +5$ V，$V_{IL} = 0$ V，则它的输出信号 V_{OH} 和 V_{OL} 各等于几伏？

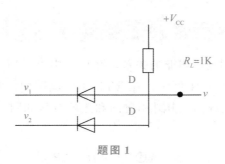

题图 1

2. 对应题图 2 所示的各种情况，分别画出 F 的波形。

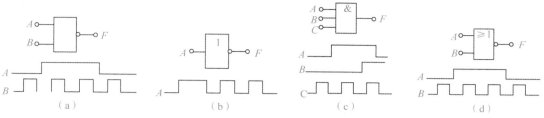

题图 2

3. 在题图 3 所示 TTL 电路中，哪些能实现"线与"逻辑功能？

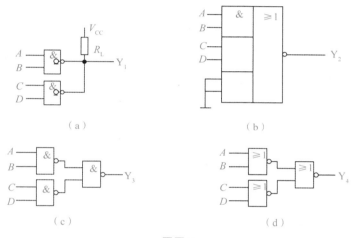

题图 3

4. 试判断题图 4 所示的门电路输出与输入之间的逻辑关系哪些是正确的，哪些是错误的，把错误的改正。

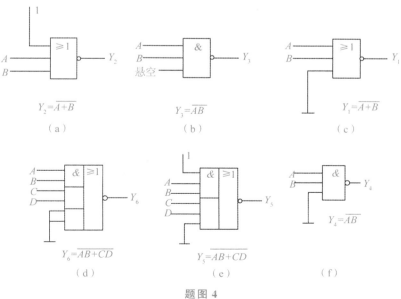

题图 4

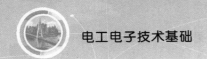

5. 在题图 5 所示的 TTL 门电路中，要求实现规定的逻辑功能时，连接有无错误？有错误的请改正。

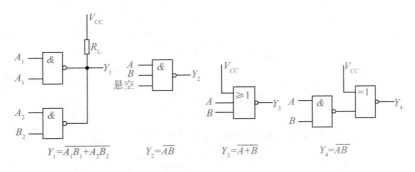

题图 5

6. 已知门电路的输入 A、B 和输出 Y 的波形如题图 6 所示，是分别列出它们的真值表，写出逻辑表达式，并画出逻辑电路图。

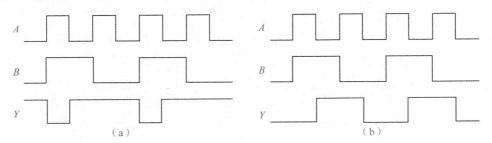

题图 6

7. 写出题图 7 中逻辑函数表达式。

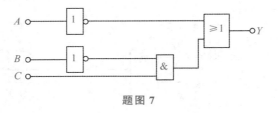

题图 7

8. 判断题图 8 所示的 TTL 三态门电路能否按照要求的逻辑关系正常工作，如有错误，请改正。

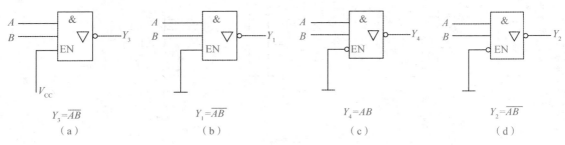

题图 8

9. 如果与门的两个输入端中，A、B 为信号输入端。设 A、B 的信号波形如题图 9 所示，试画出输出波形。如果是与非门、或门、或非门则又如何？分别画出输出波形，最后总结上述四种门电路的控制作用。

题图 9

10. 对应题图 10 所示的电路及输入信号波形，分别画出 F_1、F_2、F_3 的波形。

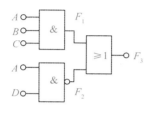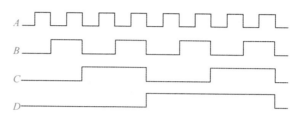

题图 10

第10章　组合逻辑电路应用

本章导读

在实际应用中，往往是将若干个门电路组合起来共同实现复杂的逻辑功能，这种电路就是数字电路。根据逻辑功能的不同特点，数字电路分成组合逻辑电路和时序逻辑电路两类。如果任何时刻输出信号的值，仅取决于该时刻各输入信号的取值组合，这样的电路称为组合逻辑电路。组合逻辑电路的特点如下。

（1）输入输出之间没有反馈通路。

（2）电路中无记忆元件。

输出信号以前的状态，对输出信号没有影响；这是和时序逻辑电路的根本区别。如图 10-1 所示，可以看出电灯的点亮或熄灭（信号输出），只与 K_1、K_2 当时的开闭情况有关（当时输出信号）。

图 10-1　组合逻辑电路示意图

组合逻辑电路是由各种门电路组成。常用的有编码器、译码器、数据选择器、数据分配器、数字比较器和加法器等。组合逻辑电路功能的表示方法主要有逻辑函数表达式、真值表、逻辑图、波形图等，本章主要用前三种方式来介绍组合逻辑电路，其中，真值表具有描述的唯一性。

学习目标

➢ 掌握组合逻辑电路的设计。

➢ 了解编码器和译码器。

➢ 熟悉数据选择器和数据分配器。

思政目标

➢ 引导学生正确看待个体与整体的辩证关系，充分发挥个人在创新团队中的作用，在提高团队的凝聚力和综合性创新能力的同时实现个人创造力和核心力。

➢ 培养学生精益求精的工匠精神，以及遵章守纪的职业操守。

10.1　组合逻辑电路的分析和设计方法

对组合逻辑电路的分析主要是根据给定的逻辑图，找出输入信号和输出信号之间的关系，从而确定它的逻辑功能。而组合逻辑电路的设计是根据给出的实际问题，求出能实现这一逻辑功能的最佳逻辑电路。

10.1.1　组合逻辑电路的分析

组合逻辑电路的分析方法，就是根据给出的逻辑电路图，求出描述该电路的逻辑函数表达式或者真值表，确定器逻辑功能的过程。基本分析步骤如下。

（1）由给定逻辑电路写出输出逻辑函数式。

（2）根据逻辑函数式列真值表。

（3）分析逻辑功能。

【例 10-1】分析图 10-2 所示逻辑电路的功能。

【解】（1）逐级写出输出逻辑函数表达式（并且适当化简成便于表达成真值表的形式）。

$$Y_1 = A \oplus B$$

$$Y = Y_1 \oplus C = A \oplus B \oplus C = \overline{A}\,\overline{B}C + \overline{A}B\overline{C} + A\overline{B}\,\overline{C} + ABC$$

（2）列真值表。将 A、B、C 各种取值组合代入式中，求出函数值，可列出真值表。如表 10-1 所示。

表 10-1　例 10-1 的真值表

输　入			输　出
A	B	C	Y
0	0	0	0
0	0	1	1
0	1	0	1
0	1	1	0
1	0	0	1
1	0	1	0
1	1	0	0
1	1	1	1

（3）逻辑功能分析。

由真值表可看出：在输入 A、B、C 三个变量中，有奇数为 1 时，输出 Y 为 1，否则 Y 为 0，因此，图 10-2 又称为奇校验电路。

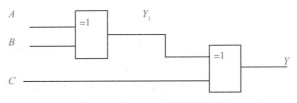

图 10-2　例 10-1 的逻辑电路

10.1.2　组合逻辑电路的设计

组合逻辑电路的设计就是根据已知的逻辑要求，设计出能实现该要求的逻辑功能，并采用要求的器件构成的或者最简的组合逻辑电路。所谓最简，就是电路用到的门电路最少，器件的种类最少，并且器件之间的连线最少。设计的基本步骤如下。

（1）分析逻辑要求的因果关系，确定输入、输出变量，定义 0、1 的逻辑含义。

（2）按照要求的因果关系写出真值表。

（3）根据真值表写出函数表达式并化简成适当的形式。

（4）根据化简后的函数表达式画出逻辑电路图。

【例 10-2】设计一个 A、B、C 三人表决电路。当表决某个提案时，多数人同意，提案通过，同时 A 具有否决权，用与非门实现。

【解】（1）确定输入输出变量，定义 0、1 的逻辑含义。

设 A、B、C 三个人，表决同意用 1 表示，不同意时用 0 表示。

Y 为表决结果，提案通过用 1 表示，通不过用 0 表示，

（2）由要求写出真值表。注意考虑 A 具有否决权。

表 10-2　例 10-2 的真值表

输　入			输　出
A	B	C	Y
0	0	0	0
0	0	1	0
0	1	0	0
0	1	1	0
1	0	0	0
1	0	1	1
1	1	0	1
1	1	1	1

（3）由真值表写逻辑函数

$$Y = A\bar{B}C + A B\bar{C} + ABC = AC + AB = \overline{\overline{AC} \cdot \overline{AB}}$$

（4）画逻辑图。

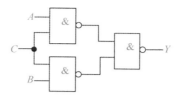

图 10-3　例 10-2 的逻辑电路

10.2　编码器

编码就是用文字、数码等符号表示特定的信息。例如，将若干位二进制码元按一定的规律排列组合，得到若干种不同的码字，并将每个码字对应以固定的信息，这个将信息转换成码字的过程就称为二进制编码，如表 10-3 所示。本节主要介绍的就是这样的数字编码。在数字设备中多采用二进制，而日常生活中常用十进制，这种转换即是二—十进制编码。其中 4 位编码表示 0～9 十个信号的编码方式称为 8421BCD 码，如表 10-4 所示。

表 10-3　二进制编码表

输入信号	编码输出	输入信号	编码输出
0	0000	8	1000
1	0001	9	1001
2	0010	10	1010
3	0011	11	1011
4	0100	12	1100
5	0101	13	1101
6	0110	14	1110
7	0111	15	1111

表 10-4　二—十进制编码（8421BCD 编码）

输入信号	编码输出	输入信号	编码输出
0	0000	8	1000
1	0001	9	1001
2	0010	10	00010000
3	0011	11	00010001
4	0100	12	00010010
5	0101	13	00010011
6	0110	14	00010100
7	0111	15	00010101

完成编码工作的数字电路称为编码器。按编码的不同，编码器可分为二进制编码器、二—十进制编码器等。无论何种编码器，它们一般具有 M 个输入端（编码对象），N 个输出端（N 位码元）。因为 N 位码元有 2^N 种组合，最多只能表示 2^N 种信息，且码与编码对象的对应关系是一一对应的，不能两个信息共用一个码，所以输入输出端口数的关系应满足

$$2^N \geqslant M$$

10.2.1　二进制编码器

若编码器的输入信号的个数 M 与输出变量的位数 N 满足 $2^N = M$，则称为二进制编码器。

常见的二进制编码器有 4 线—2 线、8 线—3 线、16 线—4 线等。图 10-4 为三个或门组成的，有 8 个输入端、3 个输出端的 8 线—3 线编码器。该电路输出结果如表 10-5 所示。其输出与输入间的逻辑关系可以简化为表 10-6 所示的真值表。

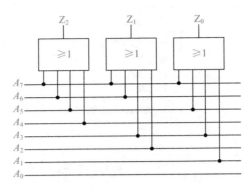

图 10-4 8 线－3 线编码器的逻辑图

表 10-5 图 10-4 电路真值表

输　入								输　出		
A_7	A_6	A_5	A_4	A_3	A_2	A_1	A_0	Y_2	Y_1	Y_0
0	0	0	0	0	0	0	1	0	0	0
0	0	0	0	0	0	1	0	0	0	1
0	0	0	0	0	1	0	0	0	1	0
0	0	0	0	1	0	0	0	0	1	1
0	0	0	1	0	0	0	0	1	0	0
0	0	1	0	0	0	0	0	1	0	1
0	1	0	0	0	0	0	0	1	1	0
1	0	0	0	0	0	0	0	1	1	11

　　图 10-4 所示的编码器以高电平作为输入信号（即称输入高电平有效），当 8 个输入变量中某一个输入为高电平时，表示对该输入信号进行编码，编码结果以高电平代表输出逻辑"1"，称为输出高电平有效。并且，在任何时刻，所有的输入变量中只能有一个输入为高电平（即不能同时对两个信号进行编码），否则会产生逻辑混乱。由逻辑图或真值表可以写出输出端的表达式为

$$\begin{cases} Y_2 = A_4 + A_5 + A_6 + A_7 \\ Y_1 = A_2 + A_3 + A_6 + A_7 \\ Y_0 = A_1 + A_3 + A_5 + A_7 \end{cases}$$

表 10-6 三位二进制编码器真值表

简化表示输入信号	输　出		
	Y_2	Y_1	Y_0
A_0	0	0	0
A_1	0	0	1

（续表）

简化表示输入信号	输　出		
	Y_2	Y_1	Y_0
A_2	0	1	0
A_3	0	1	1
A_4	1	0	0
A_5	1	0	1
A_6	1	1	0
A_7	1	1	1

10.2.2　二—十进制编码器

将十进制数的十个数字 0～9 编成二进制代码的电路，叫作二—十进制编码器。因为 8421BCD 码自左向右每一位的权分别为 8、4、2、1，所以二—十进制编码器也叫 8421BCD 码编码器。

要对 10 个信号进行编码，根据编码器的一般原则，即：$2^N \geqslant M$，N 代表输出端数，M 代表输入端数，至少需要 4 位二进制代码，即：$2^4 \geqslant 10$。才能将十个信号进行编码。所以二—十进制编码器是十输入四输出的。

下面以 8421BCD 码的编码器为例，说明编码器的设计思路，对其他的编码器也是适用的。数码 0 到 9 通常用十条输入到编码器的数据线表示，其输入方式多用键盘输入，当按下某键时，对应的数据线为低电平，希望由编码器得到 8421BCD 码。输出是四条编码线。由此可以列出其真值表，如表 10-7 所示。

表 10-7　8421BCD 编码器真值表

输　入										输　出				输入简化表示
I_0	I_1	I_2	I_3	I_4	I_5	I_6	I_7	I_8	I_9	A	B	C	D	
0	1	1	1	1	1	1	1	1	1	0	0	0	0	0
1	0	1	1	1	1	1	1	1	1	0	0	0	1	1
1	1	0	1	1	1	1	1	1	1	0	0	1	0	2
1	1	1	0	1	1	1	1	1	1	0	0	1	1	3
1	1	1	1	0	1	1	1	1	1	0	1	0	0	4
1	1	1	1	1	0	1	1	1	1	0	1	0	1	5
1	1	1	1	1	1	0	1	1	1	0	1	1	0	6
1	1	1	1	1	1	1	0	1	1	0	1	1	1	7
1	1	1	1	1	1	1	1	0	1	1	0	0	0	8
1	1	1	1	1	1	1	1	1	0	1	0	0	1	9

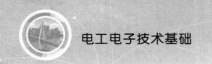

因为输入相互排斥（其约束要求是某一个为 0 时，其余全为 1），所以该表中只有十种变量组合，其他不允许。由表可得

$$\begin{cases} A = \dot{I}_s + \dot{I}_9 = \overline{\overline{I_s \cdot I_9}} \\ B = \dot{I}_4 + \dot{I}_5 + \dot{I}_6 + \dot{I}_7 = \overline{\overline{I_4 + I_5 + I_6 + I_7}} \\ C = \dot{I}_2 + \dot{I}_3 + \dot{I}_6 + \dot{I}_7 = \overline{\overline{I_2 + I_3 + I_6 + I_7}} \\ D = \dot{I}_1 + \dot{I}_3 + \dot{I}_5 + \dot{I}_7 + \dot{I}_9 = \overline{\overline{I_1 + I_3 + I_5 + I_7 + I_9}} \end{cases}$$

由上述关系，可有如图 10-5 所示的逻辑图，即 8421BCD 编码器。

由图 10-5 可见，若 2 线为低电平时：$A=0$，$B=0$；$C=1$，$D=0$，其输出为（0010）对应十进制的 2；若 6 线为低电平时：$A=0$；$B=1$；$C=1$；$D=0$，其输出为（0110）对应十进制的 6；依此类推，只要在键入数码 0 至 9，对应的数据线输入到编码器中，则可以得到对应的 8421BCD 码。

上述编码器的特点是不允许两个或两个以上同时要求编码，即输入要求是相互排斥的。计算器中的编码器是属于这个类型，在计算器使用时，不允许同时键入两个量。

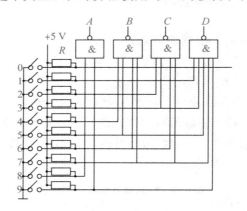

图 10-5　8421BCD 编码器

10.2.3　优先编码器

在有些编码器中，允许多个输入端同时输入信号，电路只对其中优先级别最高的信号进行编码。输入信号的优先级别需设计电路的人员事先确定，这样的编码器称为优先编码器。一般来讲，优先编码器是大数优先，即对大序号的输入端优先。

1. 优先编码器在实际中的应用

【例 10-3】电信局要对三种电话进行编码，其中紧急的次序为火警、急救和普通电话。要求电话编码依次为 00、01、10。设计电话编码控制电路。

【解】设火警、急救和普通电话分别用 A_2、A_1、A_0 表示，且 1 表示有电话接入，0 表示没有电话，× 为任意值，表示可能有可能无。Y_1、Y_0 为输出编码。

依题意，列出真值表如表 10-8 所示。

表 10-8　例 10-3 真值表

输 入			输 出	
$A2$	$A1$	$A0$	$Y1$	$Y0$
1	$\times$	$\times$	0	0
0	1	$\times$	0	1
0	0	1	1	0

由真值表写出逻辑表达式

$$Y_1 = \overline{A_2}\,\overline{A_1}\,A_0$$

$$Y_0 = A_2 A_1$$

由逻辑表达式画出编码器逻辑图如图 10-6 所示。

表 10-8 中，"$\times$"表示任意值，即 0、1 均可。当最高位 A_2 为 1，即有效时，低位 A_1、A_0 取任意值结果都是 00，表示优先对 A_2 编码。

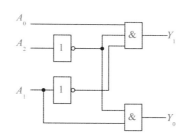

图 10-6　例 10-3 优先编码器逻辑图

2. 编码器的扩展

（1）二进制优先编码器。常用的集成电路中，8 线－3 线优先编码器常见型号为 54/74LS148，如图 10-7 所示。它的功能如表 10-9 所示。

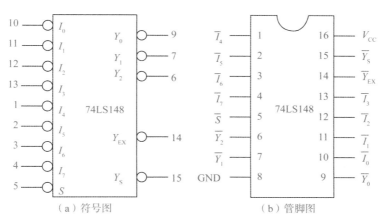

（a）符号图　　　　　　　　　（b）管脚图

图 10-7　74LS148 优先编码器

表 10-9　74LS148 优先编码器的功能表

输入使能端	输　入								输　出			扩展输出	使能输出
$\overline{S}$	$\overline{I_7}$	$\overline{I_6}$	$\overline{I_5}$	$\overline{I_4}$	$\overline{I_3}$	$\overline{I_2}$	$\overline{I_1}$	$\overline{I_0}$	$\overline{Y_2}$ $\overline{Y_1}$ $\overline{Y_0}$			$\overline{Y_{EX}}$	$\overline{Y_S}$
1	×	×	×	×	×	×	×	×	1	1	1	1	1
0	1	1	1	1	1	1	1	1	1	1	1	1	0
0	0	×	×	×	×	×	×	×	0	0	0	0	1
0	1	0	×	×	×	×	×	×	0	0	1	0	1
0	1	1	0	×	×	×	×	×	0	1	0	0	1
0	1	1	1	0	×	×	×	×	0	1	1	0	1
0	1	1	1	1	0	×	×	×	1	0	0	0	1
0	1	1	1	1	1	0	×	×	1	0	1	0	1
0	1	1	1	1	1	1	0	×	1	1	0	0	1
0	1	1	1	1	1	1	1	0	1	1	1	0	1

表 10-9 中非号表示低电平有效。$\overline{I_7}\sim\overline{I_0}$ 为输入信号端，$\overline{Y_2}\sim\overline{Y_0}$ 是输出端。输入 $\overline{I_7}$ 为最高优先级，即只要 $\overline{I_7}=0$，不管其他输入端输入 0 或 1，输出只对 $\overline{I_7}$ 编码。输出因为是低电平有效，所以此时输出为 000，为 7 对应的二进制代码的反码。74LS148 优先编码器有以下三个使能端。

① $\overline{S}$ 是输入使能端，控制输入信号能否进入。$\overline{S}$ 端输入低电平时，允许 $\overline{I_7}\sim\overline{I_0}$ 端口接收输入信号，编码器工作；$\overline{S}$ 端输入高电平时，编码器被封锁，不编码。

② $\overline{Y_{EX}}$ 是用于扩展功能的输出端，$\overline{Y_{EX}}$ 有效表示编码器有编码输出。当输入端有（低电平）信号输入时，$\overline{Y_{EX}}$ 端输出低电平（有效）；输入全为高电平和编码器不工作时，$\overline{Y_{EX}}$ 端输出为高电平。

③ $\overline{Y_S}$ 也是用于扩展功能的输出端，为选通输出端。在无有效信号输入时 $\overline{Y}$ 端输出为低电平，可用于选通扩展的其他集成块，使之开始工作。

用 74LS148 优先编码器可以多级连接进行功能扩展，如用两块 74LS148 可以扩展为一个 16 线－4 线编码器，如图 10-8 所示。

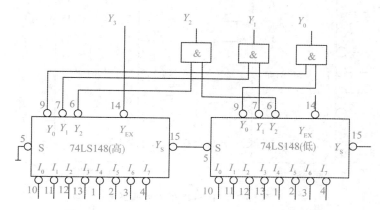

图 10-8　两块 74LS148 扩展为 16 线－4 线编码器

表 10-10　74LS147 优先编码器真值表

输　入									输　出			
$\overline{A}_9$	$\overline{A}_8$	$\overline{A}_7$	$\overline{A}_6$	$\overline{A}_5$	$\overline{A}_4$	$\overline{A}_3$	$\overline{A}_2$	$\overline{A}_1$	D	C	B	A
1	1	1	1	1	1	1	1	1	1	1	1	1
0	×	×	×	×	×	×	×	×	0	1	1	0
1	0	×	×	×	×	×	×	×	0	1	1	1
1	1	0	×	×	×	×	×	×	1	0	0	0
1	1	1	0	×	×	×	×	×	1	0	0	1
1	1	1	1	0	×	×	×	×	1	0	1	0
1	1	1	1	1	0	×	×	×	1	0	1	1
1	1	1	1	1	1	0	×	×	1	1	0	0
1	1	1	1	1	1	1	0	×	1	1	0	1
1	1	1	1	1	1	1	1	0	1	1	1	0

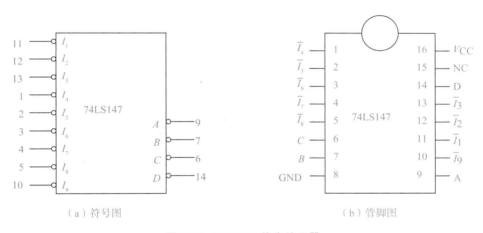

（a）符号图　　　　　　（b）管脚图

图 10-9　74LS147 优先编码器

优先编码器在计算机等优先中断系统中应用甚广，广泛用于键盘电路和计数器、译码器等共同组成函数发生器等。如字符编码器可以将键盘上的字母、数字和符号等编成七位二进制数码，送到计算机 CPU 进行处理、存储和输出。

10.3　译码器

译码是编码的逆过程。所谓译码，就是把每一组输入的二进制代码翻译成原来的特定信息。完成译码功能的电路称为译码器，图 10-10 为译码器的框图。它的输入有 n 个，且 n 个信号（X_1，…，X_n）共同表示输入某一种编码；输出有 m 个。在高电平有效时，当输入出现某种编码时，译码后，相应的一个输出端出现高电平，而其他均为低电平（反之易得）。

译码分部分译码和全译码。当输入变量的所有取值组合均有一个输出信号与之对应时，此时为全译码，即 $2^N = M$，说明每个取值组合都代表一种信息。当 $2^N > M$ 时，说明部分取值组合无输出与之对应，即它们不代表某种信息。这种译码则为部分译码。

图 10-10　译码器的框图

译码器分为变量译码器和显示译码器。变量译码器有二进制译码器和非二进制译码器。显示译码器按材料分为荧光、发光二极管译码器、液晶显示译码器；按显示内容分为文字、数字、符号译码器。

10.3.1　二进制译码器

1. 原理

二进制译码器是全译码器。它的输入码的每个取值组合均对应一个输出信号。它输入有 n 位二进制码，输出就有 2^n 个输出信号。对比二进制编码器可知，常用的二进制译码器有 2 线—4 线译码器，3 线—8 线译码器、4 线—16 线译码器等。

图 10-11 为 2 线—4 线译码器。其中，A、B 是输入的二位二进制代码，$\overline{Y_3} \sim \overline{Y_0}$ 是四个输出信号，因为有两个输入四个输出，故简称 2 线—4 线译码器或 2/4 线译码器。该电路的逻辑表达式为

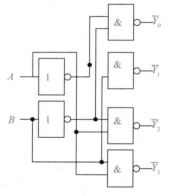

图 10-11　2 线—4 线译码器

$$\begin{cases} \overline{Y_3} = \overline{AB} \\ \overline{Y_2} = \overline{A\bar{B}} \\ \overline{Y_1} = \overline{\bar{A}B} \\ \overline{Y_0} = \overline{\bar{A}\bar{B}} \end{cases}$$

图 10-11 中译码器的真值表如表 10-11 所示。其为输入高电平有效，输出低电平有效。值得注意的是，由逻辑表达式可以得到，在全译码器中，每个输出端分别表示输入信号的一个最小项，这个特点在译码器的应用中十分重要。

表 10-11 2—线 4 线译码器真值表

输 入		输 出			
A	B	$\overline{Y}_3$	$\overline{Y}_2$	$\overline{Y}_1$	$\overline{Y}_0$
0	0	1	1	1	0
0	1	1	1	0	1
1	0	1	0	1	1
1	1	0	1	1	1

2. 集成译码器

集成译码器种类很多。如 CD4555B、CT74LS156（SN54 LS156/SN74LS156）是两个 2 线－4 线译码器封装在一起的集成块，前者是高电平输出有效，后者为低电平输出有效；T4138 是 3 线－8 线译码器，它是低电平输出有效。74LS138 也是 3 线－8 线译码器，输入高电平有效，输出低电平有效；4 线－16 线译码器有 SN74LS154 等。74LS138 译码器的真值表如表 10-12 所示，74LS138 译码器如图 10-12 所示。

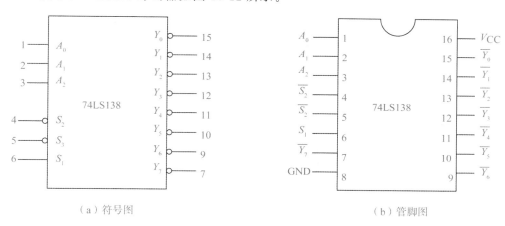

（a）符号图　　　　　　　　　　　（b）管脚图

图 10-12 74LS138 译码器

表 10-12 74LS138 译码器的真值表

输 入					输 出							
S_1	$\overline{S}_2+\overline{S}_3$	A_1	A_2	A_3	$\overline{Y}_7$	$\overline{Y}_6$	$\overline{Y}_5$	$\overline{Y}_4$	$\overline{Y}_3$	$\overline{Y}_2$	$\overline{Y}_1$	$\overline{Y}_0$
×	1	×	×	×	1	1	1	1	1	1	1	1
0	×	×	×	×	1	1	1	1	1	1	1	1
1	0	0	0	0	1	1	1	1	1	1	1	0
1	0	0	0	1	1	1	1	1	1	1	0	1
1	0	0	1	0	1	1	1	1	1	0	1	1
1	0	0	1	1	1	1	1	1	0	1	1	1

（续表）

输　入					输　出							
S_1	$\overline{S_2}+\overline{S_3}$	A_1	A_2	A_3	$\overline{Y_7}$	$\overline{Y_6}$	$\overline{Y_5}$	$\overline{Y_4}$	$\overline{Y_3}$	$\overline{Y_2}$	$\overline{Y_1}$	$\overline{Y_0}$
1	0	1	0	0	1	1	1	0	1	1	1	1
1	0	1	0	1	1	1	0	1	1	1	1	1
1	0	1	1	0	1	0	1	1	1	1	1	1
1	0	1	1	1	0	1	1	1	1	1	1	1

3. 二进制译码器应用

（1）构成逻辑函数

译码器的用途很广，除用于译码外，还可以用它实现任意逻辑函数。由上述所知，n 变量输入的二进制译码器共有 2^n 个输出，并且每个输出代表一个 n 变量的最小项。由于任何函数总能表示成最小项之和的形式，所以，只要在二进制译码器的输出端适当增加逻辑门，就可以实现任何形式的输入变量不大于 n 的组合逻辑函数。

【例 10-4】 用全译码器实现逻辑函数 $F=\overline{A}\,\overline{B}C+\overline{A}BC+A\overline{B}C+ABC$

【解】 因为函数为 3 变量，故选用 74LS138 3 线 8 线译码器。因为其输出时低电平有效，故输出为输入变量的最小项之非，所以应将 F 写成最小项之反的形式

$$F=\overline{\overline{\overline{A}\,\overline{B}C} \cdot \overline{\overline{A}BC} \cdot \overline{A\overline{B}C} \cdot \overline{ABC}}$$

将变量 A、B、C 分别接译码器的 A_0、A_1、A_2 输入端，则上式为

$$F=\overline{\overline{Y_0} \cdot \overline{Y_2} \cdot \overline{Y_1} \cdot \overline{Y_7}}$$

据此式可由译码器和与非门实现函数 F，如图 10-13 所示。

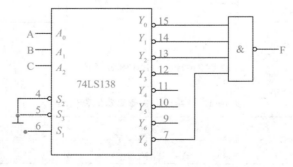

图 10-13　例 10-4 用 74LS138 实现逻辑函数

（2）构成数据分配器

数据分配器好像一个单刀多掷开关，是将一条通路上的数据分配到多条通路的装置。它有一路数据输入和多路输出，并有地址码输入端，数据依据地址信息输出到指定输出端。用带使能端的译码器可以构成数据分配器，如 74LS138 译码器可以改为"1 线—8 线"数据分配器，如图 10-14 所示。将译码器输入端作为地址码输入端，数据加到使能端。按照地址码 $A_0A_1A_2$ 的不同取值组合，可以从地址码对应的输出端输出数据的原码，即此时对应输出端

与数据端的状态是相同的。

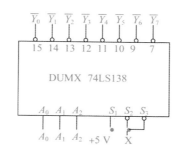

图 10-14 译码器构成数据分配器

（3）译码器的扩展

如果将两片集成译码器分别作为低位片和高位片，利用高位译码器的使能端作为输入，则可以用两片 74LS138 3 线—8 线扩展成为一个 4 线—16 线译码器，如图 10-15 所示。

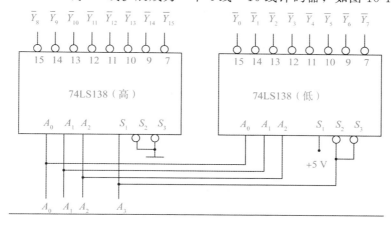

图 10-15 两片 3 线—8 线译码器扩展为 4 线—16 线译码器

A_3 输入高位片的使能端 S_1 和低位片的使能端 S_2、S_3。

① 当 $A_3 = 0$ 时：

高位片的 $S_1 = 0$ 不工作，低位片的 $S_2 = S_3 = 0$，故低位片 74LS138 工作，相当于对后三位编码值译码，结果为 $Y_0 \sim Y_7$ 中某一值，还原编码的信息。

② 当 $A_3 = 1$ 时：

与①中相反，此时低位片不工作，高位片工作，仍然在对后三位编码值译码，但高位片结果的输出序号与低位片相比多 8，即 $A_3 = 1$ 已经计算在内。结果为 $Y_8 \sim Y_{15}$ 中某一值。

10.3.2 BCD 译码器

BCD 译码器也称为二—十进制译码器。它将输入的每组 4 位二进制码翻译为对应的 1 位十进制数，有 4 个输入端，10 个输出端，常称为 4 线—10 线译码器。8421BCD 码译码器是最常用的 BCD 码译码器，如图 10-16 所示的集成电路 74LS42。它输入的是四位 BCD 码，表示一个十进制数，输出的十条线分别代表 0～9 十个数字。

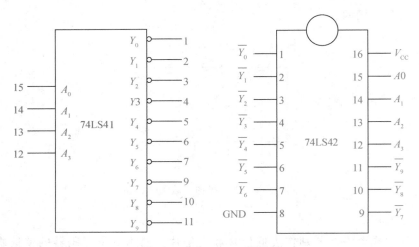

图 10-16　8421BCD 译码器

例如，当输入为（0000）时，即由图 10-17 可知译码器 $Y_0 \sim Y_9$ 输出线中，只有 Y_0 输出线为低电平，而其他 $Y_1 \sim Y_9$ 输出线为高电平，表示输出为 0；同理，当输入为（0111）时即（$\overline{ABCD}$），Y_7 输出线为低电平，其他输出线为高电平，表示输出为 7。可以较容易地列出其真值表。如表 10-13 所示。

表 10-13　74LS42 译码器真值表

十进制数	BCD 输入				十进制输出									
	A	B	C	D	0	1	2	3	4	5	6	7	8	9
0	0	0	0	0	0	1	1	1	1	1	1	1	1	1
1	0	0	0	1	1	0	1	1	1	1	1	1	1	1
2	0	0	1	0	1	1	0	1	1	1	1	1	1	1
3	0	0	1	1	1	1	1	0	1	1	1	1	1	1
4	0	1	0	0	1	1	1	1	0	1	1	1	1	1
5	0	1	0	1	1	1	1	1	1	0	1	1	1	1
6	0	1	1	0	1	1	1	1	1	1	0	1	1	1
7	0	1	1	1	1	1	1	1	1	1	1	0	1	1
8	1	0	0	0	1	1	1	1	1	1	1	1	0	1
9	1	0	0	1	1	1	1	1	1	1	1	1	1	0
无效	1	0	1	0	×	×	×	×	×	×	×	×	×	×
无效	1	0	1	1	×	×	×	×	×	×	×	×	×	×
无效	1	1	0	0	×	×	×	×	×	×	×	×	×	×
无效	1	1	0	1	×	×	×	×	×	×	×	×	×	×
无效	1	1	1	0	×	×	×	×	×	×	×	×	×	×
无效	1	1	1	1	×	×	×	×	×	×	×	×	×	×

BCD 译码器是部份译码器。因为四位输入码可以构成 16 个状态，只用了其中的 10 个状态，故称部分译码器。另外 6 个状态组合称为伪码（无用状态），所以二—十进制译码器电路应具有拒绝伪码功能，即输入端出现伪码时，输出均呈无效电平。由此可知，BCD 译码器不能用来实现任意的逻辑函数。

通常也可以用 4 线—16 线译码器实现二—十进制译码器，例如，可以用集成电路 74154 实现二—十进制译码器。如果采用 8421BCD 编码表示十进制数，译码时只需取 74154 的前 10 个输出信号就可以表示十进制数 0～9；如果采用余 3 码，译码器需用输出信号 3～12；如果采用其他形式的 BCD 码，可根据需要选择输出信号。

10.3.3　显示译码器

数字系统中常需要将数字或运算结果用数字显示，以便人们查看。显示译码器能够把 BCD 码等码元进行译码，以译码器的输出信号去驱动数字显示器件显示出结果，主要由译码器和驱动器两部分组成。

1. 显示器件

常用的数字显示器件有辉光数码管、荧光数码管、等离子体显示板、发光二极管、液晶显示器、投影显示器等。数码显示器按显示方式分有分段式、字形重叠式、点阵式等。其中，七段显示器应用最普遍。七段 LED 数码显示器及显示的数字如图 10-17 所示。

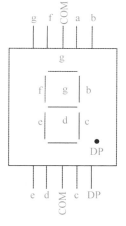

（a）七段LED数码显示器　　　　　　　　　　　　（b）显示的数字

图 10-17　七段 LED 数码显示器及显示的数字

七段显示器由七段可发光的字段组合而成，可表示 0～9 十个数。常见的七段数字显示器有半导体数码显示器（LED）和液晶显示器（LCD）等，七段 LED 数码管有共阴极、共阳极两种结构。共阴极是指每段发光二极管的阴极并接接地，若某二极管阳极输入高电平，则该字段点亮。共阳极是指每段二极管的阳极并接接正电源，若二极管阴极输入低电平，则该字段点亮。半导体数码显示器的两种接法如图 10-18 所示。

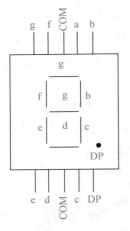

（a）七段LED数码显示器

（b）显示的数字

图 10-18　半导体数码显示器的两种接法

2. 显示译码器

七段显示译码器是常见的一种显示译码器。在集成电路中，驱动共阴极显示管的七段显示译码器有 74LS48、74LS49 等，它们输出是高电平有效。驱动共阳极显示管的七段显示译码器有 SN7447、74LS47 等它们输出是低电平有效，图 10-19 为 74LS47 的外引脚图，表 10-14 为 74LS47 的真值表。

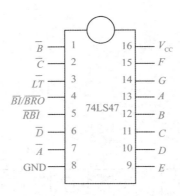

图 10-19　74LS47 的外引脚图

由表 10-14 可知，$DCBA$ 是 8421BCD 码的输入信号，高电平输入有效。$a \sim g$ 是译码器的七个输出，低电平有效，适合驱动共阳极 LED 七段数码管。

除了输入输出端外，还有一些辅助控制端。这些辅助端可以配合使用，实现多种功能或者控制多位数码显示。

$\overline{BI/RBO}$：双重功能端。

（1）作为输入端：输入低电平（有效），输出端 $a \sim g$ 为高电平，七段全灭。

（2）作为输出端：输出灭零信号。

$\overline{LT}$：试灯信号输入。当 $\overline{BI} = 1$，该端输入低电平时，七段全亮。否则显示器件故障。

正常运行时，该端应保持高电平。

$\overline{RBI}$：灭零信号输入。该端输入低电平，就可以熄灭不需要显示的零，而显示为其他数字时，该端不起作用。

表 10-14　74LS47 的真值表

$\overline{LT}$	$\overline{RBI}$	$BI/\overline{RBO}$	D	C	B	A	a	b	c	d	e	f	g	说　明
0	×	1	×	×	×	×	0	0	0	0	0	0	0	试灯
×	×	0	×	×	×	×	1	1	1	1	1	1	1	熄灭
1	0	0	0	0	0	0	1	1	1	1	1	1	1	灭 0
1	1	1	0	0	0	0	0	0	0	0	0	0	1	显示 0
1	1	1	0	0	0	1	1	0	0	1	1	1	1	显示 1
1	×	1	0	0	1	0	0	0	1	0	0	1	0	显示 2
1	×	1	0	0	1	1	0	0	0	0	1	1	0	显示 3
0	×	×	×	×	×	×								试灯
1	×	1	0	1	0	0	1	0	0	1	1	0	0	显示 4
1	×	1	0	1	0	1	0	1	0	0	1	0	0	显示 5
1	×	1	0	1	1	0	1	1	0	0	0	0	0	显示 6
1	×	1	0	1	1	1	0	0	0	1	1	1	1	显示 7
1	×	1	1	0	0	0	0	0	0	0	0	0	0	显示 8
1	×	1	1	0	0	1	0	0	0	1	1	0	0	显示 9

10.4　数据选择器和数据分配器

在多路数据传输过程中，经常需要将其中一路信号挑选出来进行传输，传送到指定通道上去，这就需要用到数据选择器和数据分配器。如图 10-20 所示。

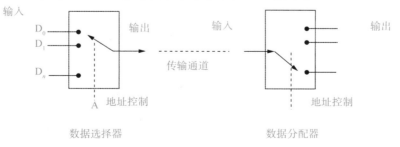

图 10-20　数据的多路传输示意图

10.4.1 数据选择器

数据选择器（MUX）也叫作多路转换器，它依据输入的地址信号，从多路数据中选出一路输出，其功能类似一个多投开关，是一个多输入、单输出的组合逻辑电路。

1. 工作原理

数据选择器有数据输入端 N 个，n 位地址码输入端，和 1 个数据输出端。地址码的取值组合决定对应的数据输入端的数据传输到输出端输出。所以，应满足 $2^n \geqslant N$。

以 8 选 1 数据选择器 74LS151 为例分析数据选择器的工作原理，如图 10-21 所示。由表 10-15 可知，输入地址码变量的每个取值组合对应一路输入数据。当 $\overline{ST}=0$ 时：

$$Y = \overline{A_2}\,\overline{A_1}\,\overline{A_0} D_0 + \overline{A_2}\,\overline{A_1} A_0 D_1 + \overline{A_2} A_1 \overline{A_0} D_2 + \overline{A_2} A_1 A_0 D_3 + A_2 \overline{A_1}\,\overline{A_0} D_4 + A_2 \overline{A_1} A_0 D_5$$
$$+ A_2 A_1 \overline{A_0} D_6 + A_2 A_1 A_0 D_7$$

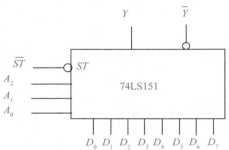

图 10-21　8 选 1 数据选择器 74LS151 原理图

表 10-15　74LS151 功能表

输　入				输　出	
$\overline{ST}$	A_2	A_1	A_0	Y	$\overline{Y}$
1	×	×	×	0	1
0	0	0	0	D_0	$\overline{D_0}$
0	0	0	1	D_1	$\overline{D_1}$
0	0	1	0	D_2	$\overline{D_2}$
0	0	1	1	D_3	$\overline{D_3}$
0	1	0	0	D_4	$\overline{D_4}$
0	1	0	1	D_5	$\overline{D_5}$
0	1	1	0	D_6	$\overline{D_6}$
0	1	1	1	D_7	$\overline{D_7}$

2. 用数据选择器实现逻辑函数

（1）实现原理

数据选择器含有输入地址码变量的所有最小项

$$Y = \sum_{i=0}^{2^n-1} m_i D_i$$

而任何一个 n 位变量的逻辑函数都可变换为最小项之和的标准式。

$$F = \sum_{i=0}^{i=2^n-1} k_i \cdot m_i$$

k_i 的取值为 0 或 1。所以，用数据选择器可很方便地实现逻辑函数。

（2）方法

当逻辑函数的变量个数和数据选择器的地址输入变量个数相同时，可直接用数据选择器来实现逻辑函数。

【例 10-5】试用数据选择器实现逻辑函数 $L = AB + AC + BC$。

【解】（1）选用数据选择器。由于逻辑函数 Y 中有 A、B、C 三个变量，所以，可选用 8 选 1 数据选择器，现选用 74LS151。

（2）写出逻辑函数的最小项表达式。

$$L = AB + AC + BC = \bar{A}BC + A\bar{B}C + AB\bar{C} + ABC = m_3 + m_5 + m_6 + m_7$$

写出 8 选 1 数据选择器的输出表达式

$$L' = \overline{A_2 A_1 A_0} D_0 + \overline{A_2 A_1} A_0 D_1 + \overline{A_2} A_1 \overline{A_0} D_2 + \overline{A_2} A_1 A_0 D_3 + A_2 \overline{A_1 A_0} D_4 + A_2 \overline{A_1} A_0 D_5 +$$
$$A_2 A_1 \overline{A_0} D_6 + A_2 A_1 A_0 D_7$$

（3）比较 L 和 L' 两式中最小项的对应关系。设 $L = L'$，$A = A_2$，$B = A_1$，$C = A_0$，L' 式中包含 L 式中的最小项时，数据取 1，没有包含 Y 式中的最小项时，数据取 0，由此得

$$\begin{cases} D_0 = D_1 = D_2 = D_4 = 0 \\ D_3 = D_5 = D_6 = D_7 = 1 \end{cases}$$

（4）画连线图。根据上式可画出图 10-22 所示的连线图。

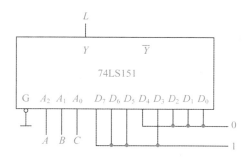

图 10-22　用 8 选 1 数据选择器实现逻辑函数

当逻辑函数的变量个数多于数据选择器的地址输入变量的个数时，应分离出多余的变量，将余下的变量分别有序地加到数据选择器的数据输入端上。

10.4.2　数据分配器

数据分配是数据选择的逆过程。数据分配器（DX）好像一个单刀多掷开关，将一条通路上的数据分配到多条通路。它有一路数据输入端和多路输出端，并有地址码输入端，数据输入端的数据依据地址输入端的信息指示，传送到指定输出端口输出。

带使能端的译码器都可以构成数据分配器。将译码器的一个使能端作为数据输入端，二进制代码输入端作为地址信号输入端使用时，则译码器便成为一个数据分配器。

如 74LS138 译码器可以改为"1 线—8 线"数据分配器，如图 10-23 所示。将译码器输入端作为地址码输入端，其中一个使能端作为数据输入端。图 10-23 （a）中，使能端 $\overline{ST}_B$ 作为数据 D 的输入端。

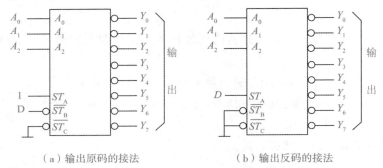

（a）输出原码的接法　　　　　　　（b）输出反码的接法

图 10-23　3 线—8 线译码器 74LS138 构成的 8 路数据分配器

当 $D=0$ 时，所有的使能端有效，设地址码输入端输入的信号 $A_0A_1A_2=000$；则输出端口 Y_0 输出低电平（输出低电平有效），其余输出端为高电平（高电平表示无效）。

当 $D=1$ 时，使能端 $\overline{ST}_B$ 为无效状态，则译码器不工作，此时所有输出端为高电平（高电平表示无效），则 $Y_0=1$。

总之，地址码输入端输入的信号 $A_0A_1A_2$ 对应的输出端 Y_i 和数据输入端 D 的信号一致，实现了数据分配器的功能。图 10-23 （b）中，使能端 ST_A 作为数据 D 的输入端。由于该使能端是高电平有效，而译码器输出端是低电平有效，所以虽然同样可以实现数据分配器的功能，但是输出的数据是输入数据 D 的反码。

本章小结

本章主要介绍了组合逻辑电路应用的相关知识，帮助读者了解编码器和译码器，并掌握组合逻辑电路的设计。希望通过本章的学习，读者能够掌握二进制的运算规律，快速设计出组合逻辑电路，提高整体设计思维。

习题 10

1. 某产品有 A、B、C、D 四项指标。规定 A 是必须满足的要求，其他三项中只有满足任意两项要求，产品就算合格。试用与非门构成产品合格的逻辑电路。

2. 分析电路题图 1 的逻辑功能。

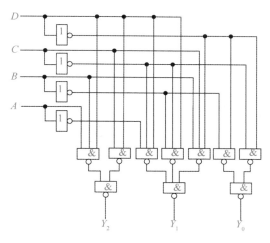

题图 1

3. 用与非门设计一个举重裁判表决电路。设举重比赛有个裁判，一个主裁判和两个副裁判。只有当两个或两个以上裁判判明成功，并且其中有一个为主裁判时，表明举重成功。

4. 分析电路题图 2 的逻辑功能。

5. 有一火灾报警系统，设有烟感、温感和紫外光感三种不同类型的火灾探测器。为了防止误报警，只有当其中两种或两种类型以上的探测器发出火灾探测信号时，报警系统才产生报警控制信号，试设计产生报警控制信号的电路。

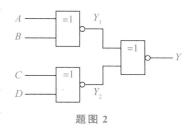

题图 2

6. 某董事会有一位董事长和三位董事，就某项议题进行表决，当满足以下条件时决议通过：有三人或三人以上同意；或者有两人同意，但其中一人必须是董事长。试用两输入与非门设计满足上述要求的表决电路。

7. 试利用 3 线－8 线译码器 74LS138 设计一个多输出的组合逻辑电路。输出的逻辑函数式为

$$Z_1 = \overline{A}\,\overline{B}\,\overline{C} + AB \qquad\qquad Z_2 = \overline{A}C + A\,\overline{B}\,\overline{C}$$

8. 用 4 选 1 数据选择器 74LS153 实现如下逻辑函数的组合逻辑电路。

$$Y = \overline{A}C + A$$

9. 用 8 选 1 数据选择器 74LS151 实现如下逻辑函数的组合逻辑电路。

$$Y = \overline{A}B + A\overline{B}$$

10. 用 4 选 1 数据选择器 74LS153 实现如下逻辑函数的组合逻辑电路。

$$Y = \overline{A}C + B\overline{C} + \overline{A}\,\overline{B}\,\overline{C} + ABC$$

11. 用 74LS138 译码器和与非门实现逻辑函数：

$$F_1 = \sum m\,(1,\ 2,\ 4,\ 7)$$

$$F_2 = \sum m\,(0,\ 1,\ 4,\ 7)$$

第 11 章　触发器

本章导读

　　由逻辑门构成的组合逻辑电路，没有记忆和存储功能。而触发器正是用于存储二进制数码的一种数字电路。触发器电路状态的转换靠触发（激励）信号来实现，它具有记忆（"0"或"1"）功能，是寄存器、计数器等数字电路的基本单元。触发器具有以下两个基本特性。

　　（1）有两个稳态，可分别表示二进制数码 0 和 1。

　　（2）在输入信号作用下，两个稳态可相互转换（称为翻转），已转换的稳定状态可长期保持下来，这就使得触发器能够记忆二进制信息，常用作二进制存储单元。

　　按照电路结构的不同，触发器可分成基本 RS 触发器、同步 RS 触发器、D 触发器、JK 触发器等多种形式，最常用的是 D 触发器和 JK 触发器。按照触发方式不同可以分为电平触发器、边沿触发器和主从触发器等。本章主要介绍触发器，包括基本 RS 触发器和 JK 触发器等内容。

学习目标

➢ 掌握基本 RS 触发器的逻辑功能。

➢ 了解同步 D 触发器。

➢ 熟悉不同类型触发器之间的转换。

思政目标

➢ 培养学生具备团结协作、顽强拼搏、永不言弃、追求卓越的精神。

➢ 培养学生爱岗敬业，严谨务实的工作作风。

11.1　基本 RS 触发器

11.1.1　基本 RS 触发器的电路组成和逻辑符号

　　由与非门组成的基本 RS 触发器电路组成和逻辑符号如图 11-1 所示。

　　由图 11-1 可见，基本 RS 触发器是由两个与非门交叉反馈耦合组成的，每一个门的输出接至另一门的输入，电路左右对称。Q、$\overline{Q}$ 端为输出端，稳态下，Q 与 $\overline{Q}$ 端的电平总是相反，输出端的小圆圈表明该端为 $\overline{Q}$ 端。$\overline{S_D}$、$\overline{R_D}$ 端为输入端，逻辑符号中的小圆圈和变量字母上的非运算符号，均表明输入低电平有效，即只有输入信号为低电平（"0"时，才能触发电路；）高电平（"1"时，对电路无影响。）

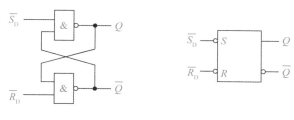

（a）基本PS触发器电路　　　　（b）逻辑符号

图 11-1　由与非门组成的基本 RS 触发器

11.1.2 基本 RS 触发器的逻辑功能

1. 工作原理

（1）$\overline{S_D}=0$，$\overline{R_D}=1$ 时，不管触发器原来处于什么状态，其次态一定为"1"，即 $Q^{n+1}=1$，触发器处于置位状态。

（2）$\overline{S_D}=1$，$\overline{R_D}=0$ 时，不管触发器原来处于什么状态，其次态一定为"0"，即 $Q^{n+1}=0$，触发器处于复位状态。

（3）$\overline{S_D}=\overline{R_D}=1$ 时，触发器状态不变，处于保持状态，即 $Q^{n+1}=Q^n$。

（4）$\overline{R_D}=\overline{R_D}=0$ 时，$Q^{n+1}=\overline{Q^{n+1}}=1$，破坏了触发器的正常状态，使触发器失效。而且当输入条件同时消失时，触发器是"0"态还是"1"态不定的，即 $Q^{n+1}=\times$。这种情况在触发器工作时是不允许出现的，称为不定态。因此使用这种触发器时禁止 $\overline{S_D}=\overline{R_D}=0$ 出现。

表 11-1　与非门构成的基本 RS 触发器真值表

$\overline{S_D}$	$\overline{R_D}$	Q^n	Q^{n+1}	说　明
0	0	0	1	不允许
0	0	1	1	
0	1	0	1	置 1
0	1	1	1	$Q^{n+1}=1$
1	0	0	0	置 0
1	0	1	0	$Q^{n+1}=0$
1	1	0	0	保持
1	1	1	1	$Q^{n+1}=Q^n$

2. 特征方程

特征方程也称状态方程，是触发器的下一个状态（次态）的逻辑表达式。

$$\begin{cases} Q^{n+1}=S_D+\overline{R_D}Q^n \\ \overline{S_D}+\overline{R_D}=1\,(约束条件) \end{cases}$$

3. 波形图

根据触发器的真值表可以画出触发器在输入信号的激励下输出端的波形。阴影部分表示状态不定。如图 11-2 所示。

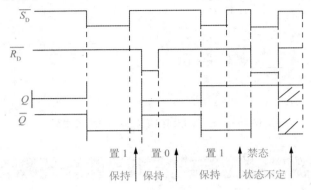

图 11-2　基本 RS 触发器波形图

4. 状态转换图

状态转换图（图 11-3）是描述触发器状态转换规律的图形，圆圈表示触发器的某个稳定状态，箭头表示转换方向，箭头旁的式子表示转换的条件。"×"号表示任意值。

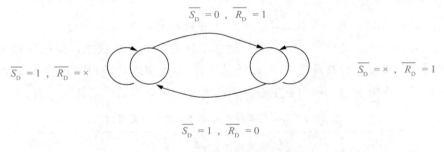

图 11-3　基本 RS 触发器状态转换图

5. 其他的基本 RS 触发器

基本 RS 触发器还可以由或非门组成，如图 11-4 所示。其功能和与非门构成的触发器相同，区别在于输入信号为高电平有效。

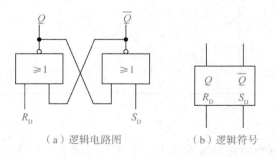

（a）逻辑电路图　　　　　（b）逻辑符号

图 11-4　由或非门组成的基本 RS 触发器

无论是与非门还是或非门构成的基本 RS 触发器，除了输入分别为低电平有效和高电平有效外，其他功能完全相同。当 S_D 输入有效信号时，触发器置位，故 S_D 称为置位（置 1）端；当 R_D 输入有效信号时，触发器复位，故 R_D 称为复位（置 0）端。

6. 基本 RS 触发器的主要特点

基本 RS 触发器的优点：电路简单，可以存储一位二进制代码，它是构成各种性能更完善的触发器的基础。缺点：输入端信号直接控制输出状态，无同步控制端；R_D、S_D 端不能同时输入有效信号，即 R_D、S_D 间存在约束。

11.2　同步触发器

基本 RS 触发器的状态翻转是受输入信号直接控制的，其抗干扰能力差。在实际应用中，常常要求触发器在某一指定时刻按输入信号要求动作，或者多个触发器同步工作。这一指定时刻通常由外加时钟脉冲 CP 来决定（有时用 CLK 或 C 表示）。由时钟控制的触发器称为钟控触发器或者同步触发器。

同步触发器中，触发器接收输入信号产生翻转，是在 CP 时钟为高电平（或低电平）期间完成的，这种同步的触发方式称为电平触发。

11.2.1　同步 RS 触发器

受外加时钟脉冲 CP 脉冲控制的基本 RS 触发器，称为同步 RS 触发器。

1. 符号及电路组成

同步 RS 触发器的符号及电路组成如图 11-5 所示。

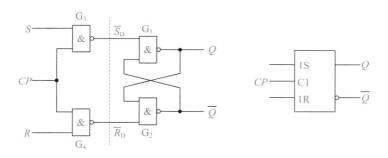

图 11-5　同步 RS 触发器的符号及电路组成

与基本 RS 触发器电路相比，同步 RS 触发器的逻辑图中多了两个控制门 G_3 和 G_4。这两个与非门受时钟脉冲 CP 控制（同步）。

2. 工作原理

同步 RS 触发器工作时各输入、输出信号的关系如表 11-2 所示。

表 11-2　同步 RS 触发器的逻辑关系

CP	R	S	Q^{n+1}	说　明
1	0	0	不变	$Q^{n+1}=Q^{n}$（保持）
1	0	1	1	$Q^{n+1}=1$（置 1）
1	1	0	0	$Q^{n+1}=0$（置 0）
1	1	1	不定	不允许
0	×	×	不变	$Q^{n+1}=Q^{n}$（保持）

由此可见：$CP=1$ 时，与非门 G_3 门和 G_4 门打开，S、R 信号通过并进入基本 RS 触发器输入端，其逻辑功能与基本 RS 触发器相同；$CP=0$ 时，与非门 G_3 门和 G_4 门关闭，S、R 信号进不去，触发器状态不变。同步 RS 触发器的特性方程为

$$\begin{cases} Q^{n+1}=S+\overline{R}Q^{n} \\ RS=0 \text{（约束条件，即 } RS \text{ 不能同时为 1）} \end{cases}$$

11.2.2　同步 D 触发器

为防止出现不定态，RS 触发器存在禁止条件，即两个输入端不能同时有效，这给使用带来不便。在图 11-5 中，将同步 RS 触发器的 R 端接门 G_3 的输出，使 RS 触发器的置 0、置 1 端的信号总是相反，这样就构成了 D 触发器，如图 11-6 所示。

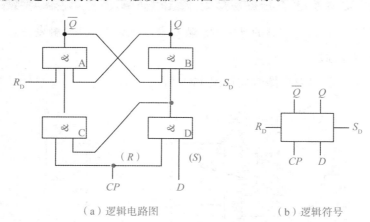

（a）逻辑电路图　　　　　　（b）逻辑符号

图 11-6　D 触发器

D 触发器只有一个输入信号：D，且不存在禁止条件。功能如下：

（1）$CP=0$，门 C、D 封锁，无信号输入，触发器处于维持状态。

（2）$CP=1$，触发器工作：

$D=0$ 时：门 D 输出为"1"（置 1 端无效），门 C 输出为"0"（置 0 端有效），即触发器置 0，所以 $Q^{n+1}=0$；

$D=1$ 时：门 D 输出为"0"（置 1 端有效），门 C 输出为"1"（置 0 端无效），触发器置 1，所以 $Q^{n+1}=1$。

（3）R_D、S_D 为异步置 0、异步置 1 端，也称直接置 0、直接置 1 端。它们不受 CP 时钟和输入信号 D 控制，可以直接使触发器置 0、置 1。

按上述功能，真值表及状态转换图如表 11-3、图 11-7 所示。

表 11-3　D 触发器真值表

R_D	S_D	D	Q^n	Q^{n+1}
1	1	0	0	0
1	1	0	1	0
1	1	1	0	1
1	1	1	1	1
0	1	×	×	0
1	0	×	×	1

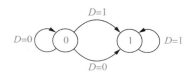

图 11-7　D 触发器状态转换图

11.2.3　同步触发器的空翻现象

同步触发器在 CP 时钟有效期间，都能接收输入信号。所以若输入信号发生多次变化，则触发器的状态也可能发生多次翻转。在一个时钟脉冲周期中，触发器发生多次翻转的现象叫作空翻。以图 11-8 中同步 RS 触发器的输出波形为例，在 $CP=1$ 期间，若输入信号发生改变，触发器的状态有可能发生翻转（因输入信号变化，实箭头处产生了空翻现象，虚箭头处未产生空翻）。

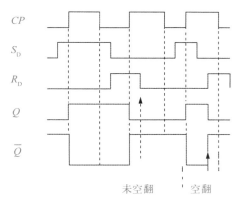

图 11-8　同步 RS 触发器的空翻现象

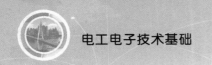

11.3　JK 触发器

为克服空翻现象，将两个同步触发器串联成主从结构，如图 11-9 所示。

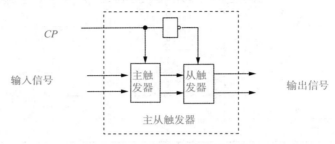

图 11-9　主从触发器的示意图

两个触发器用相反的时钟控制，形成双拍式工作方式，即将一个时钟脉冲分为两个阶段：CP 高电平时主触发器接受输入信号，状态改变，而从触发器停止工作，保持不变；CP 低电平时，从触发器接收主触发器的输出信号，跟随主触发器的状态改变，而主触发器停止工作，不再接收外部输入信号。

时钟脉冲由高电平转换成低电平瞬间（下降沿），从触发器开始工作，状态发生改变，之后由于主触发器停止工作不再改变输出信号。因此从触发器的输入不变，触发器状态变化只发生在下降沿，这种触发方式称为主从触发。在逻辑符号中，主从触发方式用输出端处的小直角符号标示。下面以主从 JK 触发器为例分析其工作原理。

11.3.1　主从 JK 触发器的电路组成和逻辑符号

主从 JK 触发器的符号及电路组成如图 11-10 所示。

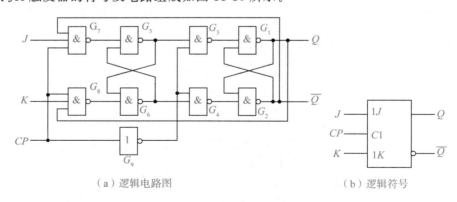

（a）逻辑电路图　　　　　　　　　　　（b）逻辑符号

图 11-10　主从 JK 触发器的符号及电路组成

G_1G_4 组成的同步 RS 触发器为从触发器；G_5G_8 组成的同步 RS 触发器为主触发器。从触发器的输入信号是主触发的输出信号。G_9 门是一个非门，其作用是将 CP 反相后控制从触发器，使主、从触发器交替工作。图 11-10 中，J 和 K 端为信号输入端，Q 和 $\overline{Q}$ 为触发器的两个互补输出端。输出端交叉反馈到 G_7 和 G_8 的输入端，以保证 G_7 和 G_8 的输入永远处于互补状态，这样就不会对输入信号 J、K 的取值进行约束。

11.3.2　主从 JK 触发器的逻辑功能

在下降沿到来时，从触发器跟随主触发器的状态，产生触发器的输出，所以研究主从触发器的逻辑功能，只需要观察主触发器的状态即可。

（1）当 $J=0$，$K=0$ 时——保持功能

主触发器：在 $CP=1$ 期间，因为 $J=0$，$K=0$，则 $G_7=1$；$G_8=1$，主触发器保持原来的状态不变。

（2）当 $J=0$，$K=1$ 时——置"0"功能，K 称为置 0 端

主触发器：设初态为"1"状态，即 $Q=1$，$\bar{Q}$ 时，因为 $J=0$，则 $G_8=1$；G_7 的输入全为"1"，其输出 $G_7=0$，所以，主触发器置"0"。

设初态为"0"状态，则 $G_7=1$；$G_8=1$，则保持原有的"0"状态不变。

（3）当 $J=1$，$K=0$ 时——置"1"功能，J 称为置 1 端

主触发器：设初态为"0"状态，即 $Q=0$，$\bar{Q}$ 时，因为 $K=0$，则 $G_7=1$；G_8 的输入全为高电平"1"，使其输出 $G_8=0$，所以，主触发器置"1"。

设初态为"1"状态，则 $G_7=1$；$G_8=1$，则保持原有的"1"状态不变。

（4）当 $J=1$，$K=1$ 时——翻转功能

翻转功能又称计数功能。分以下两种情况讨论。

①若触发器初态为"0"时：

因为 $Q=0$ 使则 $G_7=1$，而 $G_8=0$，主触发器变为"1"状态。

②若触发器初态为"1"时：

因为 $\bar{Q}Q=0$ 使 $G_8=1$，而 $G_7=0$，主触发器为"0"状态。

因此，当 $J=K=1$ 时，不论触发器原来的状态是"0"态还是"1"态，CP 下降沿到来后，触发器翻转成与原来相反的状态，故称翻转功能。

由上面分析可以得到主从 JK 触发器的真值表（表 11-4）、状态转换图（图 11-11）和特征方程。

特征方程：$Q^{n+1}=J\overline{Q^n}+\bar{K}Q^n$

主从 JK 触发器的优点是：主、从分时控制，两个节拍工作，而且 J、K 端的输入信号无约束，无不定态。它的缺点是：有一次变化问题，即在 $CP=1$ 期间，J、K 信号的抖动可能会引起主触发器产生一次翻转（无法复原）；在脉冲下跳时送入从触发器输出，产生误触发，即一次空翻现象，这是不利的。故在 $CP=1$ 期间要求 J、K 保持状态不变。

表 11-4　主从 JK 触发器的真值表

输入（CP下降沿作用）			输　　出	
Q_N	J	K	Q_{N+1}	说　　明
0	0	0	0	$Q_{N+1}=Q_N$，保持功能
1			1	
0	0	1	0	置 0 功能
1				
0	1	0	1	置 1 功能
1				
0	1	0	1	$Q_{N+1}=\overline{Q_N}$，翻转功能
1			0	

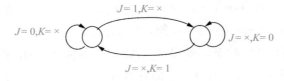

图 11-11　JK 触发器的状态转换图

如图 11-12 所示，从 t_1、t_2、t_3、t_4 四个时间点的主、从触发器的波形可以得到：由于 J、K 在 $CP=1$ 时产生了抖动，从而使主触发器产生一次翻转，并导致 $CP=0$ 时，从触发器接收错误信号输出错误的结果。

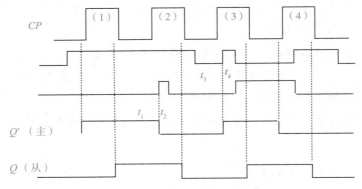

图 11-12　主从 JK 触发器波形图

11.3.3　集成 JK 触发器

集成 JK 触发器的产品较多，比较典型的有 TTL 集成主从触发器 74LS76 和 74LS72、高速 CMOS 双 JK 触发器 HC76、边沿触发的 JK 触发器 74LS112 等。由 CMOS 工艺制作的触发器称为 CMOS 触发器，其主要特点是功耗极低、抗干扰性能很强，电源适应范围较大。由于利用了传输门结构，所以电路结构特别简单。对 CMOS 型 JK 触发器而言，CP 时钟控制为上升沿有效，其功能与 TTL 型触发器类似。

　　集成主从触发器 74LS76 内部集成了两个带有置 1 端 $\overline{S_D}$ 和清零（置 0）端 $\overline{R_D}$ 的 JK 触发器。它们都是下跳沿触发的主从触发器，异步输入端 $\overline{S_D}$ 和 $\overline{R_D}$ 为低电平有效，引脚图如图 11-13 所示，功能表见表 11-5。表中符号"↓"表示 CP 时钟的下跳沿。如果在一片集成器件中有多个触发器，通常在符号前面（或后面）加上数字，以表示不同触发器的输入、输出信号，比如 $1CP$ 与 $1J$、$1K$ 同属一个触发器。

　　74LS72 为单 JK 触发器，其功能和引脚与 74LS76 类似。不同的是它有三个 J 输入端和三个 K 输入端，每组输入端均为与逻辑关系，如图 11-14 所示。

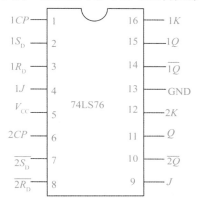

（a）TTL 集成触发器 74LS76

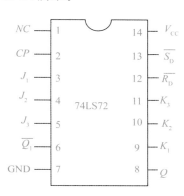

（b）74LS72 的引脚排列图

图 11-13　TTL 集成触发器 74LS76 和 74LS72 的引脚排列图

表 11-5　74LS76 的功能表

输　入					输　出	功　能
异步输入端		时钟	同步输入端		Q^{n+1}	
$\overline{R_D}$	$\overline{S_D}$	CP	J	K		
0	0	×	×	×	不定态	不允许
0	1	×	×	×	0	异步置 0
1	0	×	×	×	1	异步置 1
1	1	↓	0	0	Q_n	保持
1	1	↓	0	1	0	同步置 0
1	1	↓	1	0	1	同步置 1
1	1	↓	1	1	$\overline{Q^n}$	翻转

　　74LS112 内含两个相同的 JK 触发器，它们都带有异步的清零（置 0）端和置 1 端，属于负跳沿触发的边沿触发器，引脚排列图如图 11-15 所示。

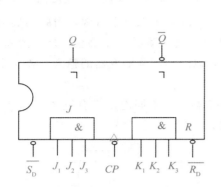

图 11-14　与输入主从 JK 触发器的逻辑符号

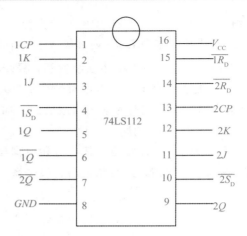

图 11-15　边沿 JK 触发器 74LS112 的引脚排列图

11.4　不同类型触发器之间的转换

触发器是实现时序逻辑电路的核心，利用触发器可以构成许多实用电路。此外，根据实际需要，还可以将某种功能的触发器经过外部线路的连接或者附加门电路来构成其他功能的触发器。实际生产的集成触发器主要是 JK 触发器和 D 触发器，下面就以这两种触发器为例简单介绍触发器的一些应用。

11.4.1　D 触发器转换为 JK 触发器

D 触发器的特性方程为：$Q^{n+1}=D$，而 JK 触发器的特性方程为：$Q^{n+1}=J\overline{Q^n}+\overline{K}Q^n$。比较两个方程，可知当 $D=J\overline{Q^n}+\overline{K}Q^n$ 时，D 触发器的特性方程和 JK 触发器的特性方程一致，可以将 D 触发器转换为 JK 触发器。如图 11-16 所示。

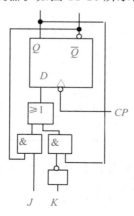

图 11-16　D 触发器转换成 JK 触发器

11.4.2 JK 触发器转换为 D 触发器

同前可得，由 D 触发器的特性方程进行变换，使之形式与 JK 触发器一致，则：

$$Q^{n+1} = D = D \ (\overline{Q^n} + Q^n) \ = D\overline{Q^n} + DQ^n$$

可知当 $J = D$，$K = \overline{D}$ 时，两个触发器的特性方程一致，如图 11-16 所示，通过非门辅助，可将 JK 触发器转换为 D 触发器。JK 触发器转换成 D 触发器如图 11-17 所示。

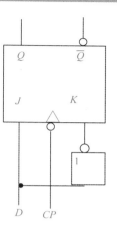

图 11-17 JK 触发器转换成 D 触发器

本章小结

本章主要介绍了触发器的相关知识，帮助读者了解基本 RS 触发器和同步触发器，并掌握主从 JK 触发器的逻辑功能。希望通过本章的学习，读者能够掌握集成触发器的逻辑功能，对触发器有更深层次的理解，提高实际运用能力。

习题 11

一、填空题

1. 描述触发器功能的方法有_____、_____、_____和_____。

2. 一个与非门组成的 RS 触发器，$\overline{R_D}$ 和 $\overline{S_D}$ 分别称为_____端和_____端，_____电平有效，通常用_____端的逻辑电平来表示触发器的状态。

3. 基本 RS 触发器的状态有_____、_____和_____。时钟控制的触发器有_____、_____和_____三种触发方式。

4. 通常同一时钟脉冲引起触发器两次或更多次翻转的现象称为_____现象，具有这种现象的触发器是_____触发方式的触发器，如_____。

二、画图

基本 RS 触发器如题图 1 所示，试画出 Q 对应 $\overline{R}$ 和 $\overline{S}$ 的波形（设 Q 的初态为 0）。

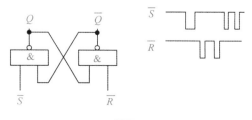

题图 1

附录

附录 A　常用符号说明

一、电流和电压

I_A、U_{BE}——大写字母、大写下标表示直流电流和直流电压

I_b、U_{be}——大写字母、小写下标表示交流电流和电压有效值

$\dot{I}_b$、$\dot{U}_{be}$——大写字母上面加点、小写下标表示电流和电压正弦值相量

i_B、u_{BE}——小写字母、大写下标表示总电流和电压瞬时值

i_b、u_{be}——小写字母、小写下标表示电流和电压交流分量瞬时值

U_{REF}——参考电压

I_+、U_+——集成运放同相输入端的电流、电压

I_-、U_-——集成运放反相输入端的电流、电压

I_f、U_f——反馈电流、电压

I_i、U_i——直流输入电流、电压

I_o、U_o——直流输出电流、电压

I_i、u_i——交流输入电流、电压

I_o、u_o——交流输出电流、电压

二、放大倍数或增益

A——放大倍数或增益的通用符号

A_c——共模电压放大倍数

A_d——差模电压放大倍数

A_i——电流放大倍数、增益

A_u——电压放大倍数、增益

A_{uf}——有反馈时（闭环）电压放大倍数、增益

A_{us}——考虑信号源内阻时的电压放大倍数、增益

A_{usf}——有反馈且虑信号源内阻时的电压放大倍数、增益

α——共基电流增益

β——共射电流增益

三、电阻、电容和电感

R——固定电阻通用符号

R_p——电位器通用符号

R_i——输入电阻

R_o——输出电阻

R_L——负载电阻

R_S——信号源内阻

R_F——反馈电阻

R_T——热敏电阻

C——电容通用符号

C_i——输入电容

C_o——输出电容

C_F——反馈电容

L——电感通用符号

四、半导体元件及其相关参数

VT——双极型三极管、场效应管、晶闸管通用符号

VD——半导体二极管通用符号

VZ——稳压二极管通用符号

A、K——二极管的阳极、阴极

B、C、E——三极管的基极、集电极、发射极

d、g、s——场效应管的漏极、栅极、源极

f_T——三极管特征频率

I_{CM}——集电极最大容许电流

I_{DSS}——场效应管饱和漏极电流

I_S——二极管反向饱和电流

I_F——输入整流电流

I_R——反向电流

I_Z——稳压管稳定电流

P_{CM}——三极管集电极最大允许耗散功率

P_{DM}——场效应管漏极最大允许耗散功率

U_{BR}——二极管反向击穿电压

U_{CES}——三极管集电极－发射极间的饱和压降

U_{CEO}——三极管基极开路时集电极－发射极间的反向击穿电压

U_Z——稳压二极管稳定电压

$U_{GS(off)}$ ——耗尽型场效应管夹断电压

$U_{GS(th)}$ ——增强型场效应开启电压

五、其他符号

Q——静态工作点

F——频率通用符号

P——功率通用符号

P_o——输出功率

P_{om}——输出功率最大值

F——反馈系数通用符号

T、t——时间、周期、温度

τ——时间常数

ω——角频率

φ——相位差、相角

B_W——频带宽度

η——效率

K_{CMR}——共模抑制

附录 B　半导体器件型号命名方法

表 B-1　钢筋等级和符号

第一部分		第二部分		第三部分		第四部分	第五部分
用数字表示器件的电极数目		用汉语拼音字母表示器件的材料极性		用汉语拼音字母表示器件的类型		用数字表示序号	用汉语拼音字母表示规格号
符号	意义	符号	意义	符号	意义		
2	二极管	A	N 型，锗材料	P	普通管		
		B	P 型，锗材料	V	微波管		
		C	N 型，硅材料	W	稳压管		
		D	P 型，硅材料	C	参量管		
3	三极管	A	PNP 型，锗材料	Z	整流管		
		B	NPN 型，锗材料	L	整流堆		
		C	PNP 型，硅材料	S	隧道管		
		D	NPN 型，硅材料	N	阻尼管		
		E	化合物材料	U	光电器件		
				K	开关管		
				X	低频小功率管（$fa < 3$ MHZ，$PC < 1$ W）		
				G	高频小功率管（$fa \geqslant 3$ MHZ，$PC < 1$ W）		
				D	低频大功率管（$fa < 3$ MHZ，$PC \geqslant 1$ W）		
				A	高频大功率管（$fa \geqslant 3$ MHZ，$PC \geqslant 1$ W）		
				T	可控整流管		
				Y	体效应器件		
				B	雪崩管		
				J	阶跃恢复管		
				CS	场效应器件		
				BT	半导体特殊器件		
				FH	复合管		
				PIN	PIN 管		
				JG	激光器件		

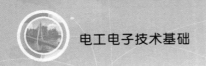

附录 C　常用数字集成电路一览表

表 C-1　钢筋等级和符号

类　型	功　能	型　号	备　注
与非门	4 组 2 输入与非门	74LS00	$Q=\overline{AB}$
	4 组 2 输入与非门（集电极开路式）	74LS01	$Q=\overline{AB}$
	4 组 2 输入与非门（集电极开路式）	74LS03	$Q=\overline{AB}$
	3 组 3 输入与非门（集电极开路式）	74LS10	$Q=\overline{ABC}$
	3 组 3 输入与非门（集电极开路式）	74LS12	$Q=\overline{ABC}$
	2 组 4 输入与非门	74LS20	$Q=\overline{ABCD}$
	2 组 4 输入与非门（集电极开路）	74LS22	$Q=\overline{ABCD}$
	8 输入与非门	74LS30	
	1 组 13 输入与非门	74LS133	
或非门	4 组 2 输入或非门	74LS02	$Q=\overline{A+B}$
	3 组 3 输入或非门	74LS27	$Q=\overline{A+B+C}$
	2 组 5 输入或非门	74LS260	
非门	6 组反相器	74LS04	$Q=\overline{A}$
	6 组反相器（集电极开路式）	74LS05	$Q=\overline{A}$
	反相器（闭路集电极式）	74LS06	$Q=\overline{A}$
与门	4 组 2 输入与门	74LS08	$Q=AB$
	4 组 2 输入与门（集电极开路式）	74LS09	$Q=AB$
	3 组 3 输入与门	74LS11	$Q=ABC$
	3 组 3 输入与门（集电极开路式）	74LS15	$Q=ABC$
	2 组 4 输入与门	74LS21	$Q=ABCD$
或门	4 组 2 输入或门	74LS32	$Q=ABC$
异或门	4 组 2 输入异或门	74LS136	$Q=ABC$
	4 组 2 输入异或门	74LS86	$Q=ABC$
同或门	4 组 2 输入同或门	74LS266	$Q=\overline{A\cdot B}$
与或非门	2 组 2 输入 3 组 3 输入与或非门	74LS51	$Q=\overline{AB+CD}$ $Q=\overline{ABC+DEF}$
	4 组 2 输入与或非门	74LS54	$Q=\overline{AB+CD+EF+GH}$
	2 组 4 输入与或非门	74LS55	$Q=\overline{ABCD+EFGH}$

（续表）

类　型	功　能	型　号	备　注
译码器	4 线-10 线译码器	74LS42	BCD 码输入
	BCD 码-7 段译码器驱动器	74LS47	OC 输出
	BCD 码-7 段译码器驱动器	74LS48	内有升压电阻输出
	BCD 码-7 段译码器驱动器	74LS49	OC 输出
	3 线—8 线译码器	74LS137	低电平有效
	3 线—8 线地址译码器	74LS138	低电平有效
	2 组 2 位至 4 位地址译码器	74LS139	低电平有效
	4 线—16 线译码器	74LS154	低电平有效
	2 组 2 线—4 线译码器	74LS155	
	2 组 2 线—4 线译码器（OC 型）	74LS156	
	4 线—16 线译码器	74LS159	
	七段显示译码器	74LS47	（OC、低电平有效）
	七段显示译码器	74LS48	（OC、高电平有效）
	七段显示译码器	74LS49	（OC、高电平有效）
	七段显示译码器	74LS249	（OC、高电平有效）
全加器	4 位二进制全加器	74LS83	
比较器	4 位大小比较器	74LS85	
触发器	单稳态触发器	74LS121	
	4 组 RS 触发器	74LS279	
	2 组 JK 型触发器	74LS73	负边沿触发，带消除端
	2 组 JK 型触发器	74LS76	带预置、消除端
	2 组 JK 型触发器	74LS78	
	2 组 JK 型触发器	74LS107	
	2 组 JK 型触发器	74LS109	
	2 组 JK 型触发器	74LS112	负边沿触发，带预置、消除端
	2 组 JK 型触发器	74LS113	
	2 组 JK 型触发器	74LS114	
	4 组 D 触发器	74LS175	
	8 组 D 触发器	74LS273	正边沿触发，公共时钟
	2 组 D 型触发器	74LS74	正边沿触发，带预置、消除端

（续表）

类　型	功　能	型　号	备　注
计数器	BCD 异步计数器	74LS196	
	异步十进制计数器	74LS290	二、五分频，负边沿触发
	异步十进制计数器	74LS90	
	异步 12 进位计数器	74LS92	
	异步 16 进位计数器	74LS293	二、八分频，负边沿触发
	异步 16 进位计数器	74LS93	
	4 位 BCD 同步计数器	74LS160	
	4 位二进制同步计数器	74LS161	异步清零
	4 位 BCD 同步计数器	74LS162	
	4 位二进制同步计数器	74LS163	
计数器	4 位同步加/减数计数器	74LS170	
	4 位同步加/减数计数器	74LS191	可逆计数
	4 位同步加/减数计数器	74LS192	可逆计数，带清除端
	4 位同步加/减数计数器	74LS193	可逆计数，带清除端
	4 位 BCD 同步加/减计数器	74LS190	可逆计数
	4 位 16 进位同步计数器	74LS197	
	2 组异步 10 进位计数器	74LS390	负边沿触发
编码器	10 线—4 线 BCD 优先编码器	74LS147	BCD 码输出
	8 线—3 线编码器	74LS148	
数据选择器	8 选 1 数据选择器	74LS151	原、反码输出
	8 选 1 数据选择器	74LS152	反码输出
	2 组 4 选 1 数据选择器	74LS153	
	4 组 2 选 1 数据选择器	74LS157	原码输出
	2 选 1 数据选择器	74LS158	反码输出
寄存器	8 位移位寄存器	74LS164	
	8 位移位寄存器	74LS165	
	8 位移位寄存器	74LS166	
	8 位移位寄存器	74LS169	
	4 位移位寄存器	74LS194	
	4 位移位寄存器	74LS195	

（续表）

类　型	功　能	型　号	备　注
寄存器	8 位移位寄存器	74LS198	
	8 位移位寄存器	74LS199	
	4 位移位寄存器	74LS95	
	4 位双稳锁存器	74LS75	电源与地非标准
多谐振荡器	单稳多谐振荡器	74LS122	可重触发
	双单稳多谐振荡器	74LS123	重触发
	双单稳多谐振荡器	74LS221	带施密特触发器
施密特触发器	施密特触发器	4583	
	六施密特触发器	4584	
	九施密特触发器	9014	
数模转换器	A/D 转换器	ADC0804	
	D/A 转换器	DAC0832	

注：LS 系列与 74HC 系列型号基本一致。

说明：本附录只概括了部分常用的数字集成电路，更加详细的资料请查阅有关专用手册。

参考文献

[1] 申凤琴. 电工电子技术基础 [M]. 3版. 北京：机械工业出版社，2018.

[2] 陈新龙，胡国庆. 电工电子技术基础教程 [M]. 3版. 北京：清华大学出版社，2021.

[3] 于桂君，于宝琦，刘德政. 电工与电子技术 [M]. 北京：电子工业出版社，2020.

[4] 刘鹏，李进，刘方. 电工电子技术 [M]. 北京：兵器工业出版社，2015.

[5] 武兰江，赵迎春，李黎. 电力电子技术 [M]. 北京：北京希望电子出版社，2019.

[6] 丁卫民，陈立平. 电工电子技术与技能 [M]. 3版. 北京：机械工业出版社，2021.